環境学園専門学校◎編

全国環境自治体駅伝

環境学園特別授業⑨
自分の街が授業になる！

環境新聞社

はじめに

　21世紀は環境の時代と言われ、平成6年12月に我が国の環境保全施策の基本的方向を示す環境基本法に制定された環境基本計画は、社会の構成員であるすべての主体が協力して取り組む計画であり、環境に携われる人材の教育、環境業界の人材、環境行政に関する人たちを育成することを目的に環境学園専門学校が学校法人重里学園によって設立された。

　そこで、全国の都道府県の環境行政に携わる方々を学校にお招きして、それぞれの環境政策が発表された。特に、環境の対象とする事象は、環境の異なる地

4　全国環境自治体駅伝

域性が高く、環境政策としても、国の基準に基づき、上乗せ基準として、地方条例を設定して、環境保全活動の方向が定められていきました。

　そこで、本校としても、これからの状況に鑑み、地域性の高い環境内容を授業にして、環境教育の中で、どのように取り組むべきなのか、また、卒業生も学校のある兵庫県、少し広げて近畿、関西地域にだけに就職していくものでもなく、全国の環境政策を学ぶ上に、各地域の環境保全活動の実態を学ぶために、私の発案が学校法人重里学園に承認されて、全国の各都道府県の環境保全活動をランナーに見立て、環境政策を、バトンにして、各都道府県の環境政策担当者がバトンタッチして送るという「全国環境自治体駅伝」が平成16年10月27日、長野県を第一走者としてスタートしました。

　以来、12年の年月をかけ、本誌では岩手県が第45走者を務め、残りは3走者（山形県、秋田県、福井県）となり平成29年8月には、「全国環境自治体駅伝」は完走の予定で、全国初の偉業が達成されます。

長きに亘、多くの各都道府県の政策担当者を始め関係者の皆様から頂きました、厚いお心とご協力に深く感謝します。

　また、結びになりますが、環境新聞社　代表取締役社長　波田幸夫氏のご協力、お力添えに対し、心から感謝の意を表する次第です。

「環境は地球に恩返し」

始まりは、小さなことに過ぎなくても
環境仕事人は地球に恩返し
目ざす一歩の連続が、もたらす力は
はかり知れない。

環境仕事人は
心で地球に恩返し
技で地球に恩返し
知恵で地球に恩返し
仕事で地球に恩返し

環境仕事人は
迷わず、恐れず、
無限の恩返しの世界に
力強く踏み出そう。

姿勢を正し
環境仕事人は
正面を真っ直ぐ見よ
そして
自分の恩返しを試してみよう。

自分の環境を変えるのだ
今やるべき恩返しを、
いつも考え
考えたことを、実現する
そのための行動にベストを尽くす。

（作詩　重里國麿）

平成29年2月

学校法人重里学園
環境学園専門学校
理事長　重里國麿

目　次

●第41走者／三重県 …………………………………… 9

「三重県における
　気候変動に対する緩和・適応の取組」

三重県環境生活部地球温暖化対策課地球温暖化対策班　主査（当時）

砂田　浩治

●第42走者／愛媛県 …………………………………… 29

「えひめ環境新時代に向けて
　―バイオマス利活用推進―」

愛媛県県民環境部環境局　環境技術専門監（当時）

水口　定臣

●第43走者／山口県 ………………………………… 63
「椹野川河口干潟における
　里海の再生に向けた取り組みについて」
山口県環境生活部自然保健課自然共生推進班主任（当時）
古賀　大也

●第44走者／福井県 ………………………………… 97
「福井県の自然環境政策
　『自然と共生する福井の社会づくり』」
福井県安全環境部自然環境課自然環境保全グループ主任
（グループリーダー、当時）
西垣　正男

●第45走者／岩手県 ………………………………… 127
「岩手県の環境政策～みんなの力で次代へ
　引き継ぐいわての『ゆたかさ』」
岩手県環境生活部環境生活企画室企画課長（当時）
黒田　農

全国環境自治体駅伝　第41走者　2015年7月8日

「三重県における気候変動に対する緩和・適応の取組」

三重県環境生活部地球温暖化対策課地球温暖化対策班主査（当時）

砂田　浩治

　地球温暖化の進行を防止する「緩和」と気候の変化に対応する「適応」を進める三重県の取組について紹介がありました。主な取組として、「地域と共に創る電気自動車等を活用した低炭素社会モデル事業」や「三重県気候変動影響レポート2014」などの説明がありました。

●三重県地球温暖化対策推進条例の制定

　地球温暖化問題は、人類がこれまでに経験したことのない気候になりつつある、世界的な問題です。国連の機関であるIPCCは、「気候システムに対する人為的影響は明らかであり、近年の人為起源の温室効果ガス排出量は史上最高である」、「近年の気候変動は、自然及び人間システムに対し広範囲にわたる影響を及ぼしてきた」とコメントしています。

　地球温暖化対策には、「緩和」と「適応」が必要とされています。「緩和」とは、温室効果ガスを削減する取組のことで、産業革命前と比べて世界地上平均の

■三重県の地勢と気候の概要

地勢・地形

気候条件

- 冬期：山頂部付近で2mを超える積雪も
- 年平均気温は約14℃　盆地は夏と冬の気温差大　冬期間通して霧の発生多い　年降水量は約1,400mm
- 年平均気温は約15℃　年降水量は1,600～1,900mm　冬期：北西の強い季節風「鈴鹿おろし」
- 降水量の多いことで知られる　紀伊山地
- 年平均気温は約16℃　年降水量は多く　尾鷲で約4,000mm（屋久島に次ぐ全国2位中）
- 海水温、潮位、波浪、強風など　海洋の影響

（図は「三重県農業計画」（三重県）より引用）

砂田浩治氏

気温上昇を2℃未満に抑えることが世界の共通目標になっています。

また、地球温暖化の進行により熱中症の増加、農作物への影響、自然災害の増加などといった将来の影響が予測されていることから、このような影響に対応する「適応」の取組が必要になっています。

こうした状況から、三重県では、2013年3月に、2020年度までに三重県域の温室効果ガス排出量を1990年度比で10％の削減を目標とする、三重県地球温暖化対策実行計画を策定し、2013年12月には、三重県地球

全国環境自治体駅伝 第41走者

地球温暖化対策の経緯

国際社会

- 地球サミット(92年6月 リオデジャネイロ)
  気候変動枠組条約を150ヶ国以上が署名
- COP3(97年12月 京都)
  京都議定書採択し、先進国の排出削減目標を合意
  - 先進国の主要削減目標(90年比)
    カナダ：▲6% EU：▲8%
    ロシア：±0% 豪州：+8%
    日本：▲6% 米国：批准せず
- 京都議定書の発効(05年2月)
  第1約束期間の開始(08年4月)
- G8ラクイラサミット(09年)
  世界全体の排出量を2050年までに少なくとも50%削減、先進国は80%又はそれ以上の削減目標を支持
- COP15(09年11月 コペンハーゲン)
  各国が自主的に目標を設定するボトムアップ型の仕組みに合意
  日本は、前提条件付き25%削減(90年比)を登録

日本

- 地球温暖化対策推進大綱(98年6月)
  00年以降、排出量を90年比で安定化させること等を目標に、各種施策を規定、02年3月改定
- 地球温暖化対策推進法(98年10月成立)
  京都議定書の採択を受け、我が国が地球温暖化対策に取り組むための基礎的な枠組みを定めた法律
- 地球温暖化防止行動計画(02年10月)
- 京都議定書目標達成計画(05年4月)
  京都議定書の発効を受けて、地球温暖化対策推進法に基づき、6%削減に向けた具体的施策を規定、08年3月改
- 美しい星50(Cool Earth 50)(07年5月)
  温室効果ガス排出量を世界全体で半減(基準年なし)を提案
- 福田ビジョン(08年6月)
  温室効果ガスを60〜80%削減(基準年なし)
- 麻生目標(09年6月)
  温室効果ガス量を2020年に15%削減(05年比)(90年比8%削減)

三重県

- チャレンジ6地球温暖化対策推進計画策定(00年3月)
- 生活環境保全条例制定(01年3月)
  地球温暖化対策計画書制度の開始
- 地球温暖化対策推進計画の改訂(07年3月)
  地球温暖化対策計画書制度対象事業所の拡大

地球温暖化対策の経緯②

国際社会

- COP16(10年11月 カンクン)
  先進国、途上国の削減目標をリスト化
  途上国支援(基金の設立)
  京都議定書第2約束期間不参加を表明(日本)
- COP17(11年11月 ダーバン)
  ・2020年以降の将来枠組みに向けたプロセスに合意
  ・京都議定書第二約束期間の設置が決定
  (日本不参加)
- COP18(12年12月 ドーハ)
  世界の平均気温上昇を2℃以内を目標
  京都議定書第二約束期間の採択
- COP19(13年11月 ワルシャワ)
  2015年合意に向けたスケジュール、全ての国による排出削減の取組の促進策を決定
- COP20(14年11月 リマ)
  すべての国が共通ルールに基づき削減目標を作成することで一致(準備できる国は、15年3月まで)

日本

- 鳩山スピーチ(09年9月)
  全ての主要国による公平かつ実行性のある国際枠組みの構築及び意欲的な目標の合意を前提 温室効果ガス量を2020年に25%削減(90年比)
- 東日本大震災及び東京電力福島第一原子力発電所事故(11年3月)
- 第4次環境基本計画(12年4月)
  長期的目標 2050年までに80%の温室効果ガスの排出削減
- 政権交代(12年12月)
  目標の見直し指示(13年1月)
  25%目標の撤回
- 地球温暖化対策推進本部(13年11月)
  2020年に2005年度比 3.8%削減
- 地球温暖化対策推進本部(15年6月)
  2030年に2013年度比 26%削減
  2005年度比 25.4%削減

三重県

- 地球温暖化対策実行計画策定(12年3月)
  温室効果ガス量を2020年に10%削減(90年比)(05年比20%削減)
- 地球温暖化対策推進条例(13年12月)

温暖化対策推進条例を制定しました。

2012年度の三重県域の温室効果ガス排出量の状況は、2850万3000トン-CO_2で、1990年度比で8％増加しています。また、部門別には産業部門が占める割合が高く、その割合は日本全体と比べても高くなっています。

●緩和の取り組み

　ここからは、三重県で実施している地球温暖化対策の「緩和」の取り組みを紹介します。

　はじめに紹介するのは、全ての企業の方々が取り組みやすい活動である、「サマーエコスタイルキャンペ

三重県地球温暖化対策実行計画

1 計画の位置づけ	地方公共団体実行計画 （地球温暖化対策の推進に関する法律第20条の3）
2 計画の期間	平成24（2012）年度から平成32（2020）年度まで
3 計画の削減目標	平成32（2020）年度における 三重県の温室効果ガス排出ガス量を 平成2（1990）年度比で１０％削減 平成17（2005）年度比で２０％削減 （森林吸収量2％含む）

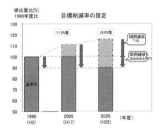

出典：三重県地球温暖化対策実行計画（平成24年3月、三重県）

地球温暖化防止活動推進センター

- 地球温暖化防止活動推進員と
  三重県地球温暖化防止活動推進センター

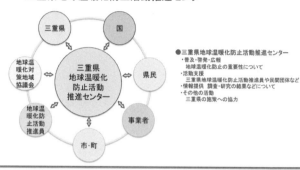

●三重県地球温暖化防止活動推進センター
・普及・啓発・広報
　地球温暖化防止の重要性について
・活動支援
　三重県地球温暖化防止活動推進員や民間団体など
・情報提供　調査・研究の結果などについて
・その他の活動
　三重県の施策への協力

三重県地球温暖化対策推進条例

- 平成26年4月1日から施行

三重県の二酸化炭素排出量の推移

	1990	2012	1990比	2005比
エネルギー転換部門	454	459	+0.8%	+5.8%
産業部門	15,050	15,344	+2.0%	-6.5%
運輸部門	4,154	4,067	-2.1%	-12.7%
民生家庭部門	1,846	2,316	+25.5%	-0.5%
民生業務部門	1,686	3,409	+102.2%	+21.5%
工業プロセス部門	1,225	1,075	-12.3%	-12.1%
廃棄物部門	473	618	+32.5%	-6.7%
二酸化炭素排出量	24,888	27,297	+9.7%	-4.4%

出典:平成26年度三重県温室効果ガス排出量(2012年度)算定業務報告書

省エネ・節電の普及推進

▼ 省エネ・節電呼びかけ   ▼ エコスタイル・省エネ呼びかけ

▼ 夏の夜のライトダウン

ーン」と「ライトダウン運動」です。「サマーエコスタイル」は、オフィス等での適正冷房と暑さをしのぎやすい軽装で勤務することを推進する取組のことですが、「クールビズ」と言った方が、なじみやすいかもしれません。また、「ライトダウン運動」は消灯を県内一斉で実施する取組のことで、毎年7月から8月の間に3日間実施日を設けて実施しています。

　次に家庭での取組を進めるために、「くらしの省エネガイドブック」という啓発冊子を作成しました。この冊子は、暮らしにおけるエネルギー消費量や二酸化炭素排出量を例示しながら、具体的な取組や節約のし

地球温暖化防止活動推進センター

■ 地球温暖化防止活動推進員と
　三重県地球温暖化防止活動推進センター

かたを紹介したものです。

　各都道府県には、地球温暖化の現状等に関する普及活動、地球温暖化防止活動に取り組む際のアドバイス等を行う地球温暖化防止活動推進員や地球温暖化防止活動推進センターがあります。三重県においては、毎年12月に「みえ環境フェア」というイベントや出前講座による普及啓発を主に行っています。

　また、三重県環境学習情報センターでは、「Mieこどもエコフェア」といったイベントや、小中学校の児童・生徒を対象とした、地球温暖化防止のポスターコンクールを行っています。

環境教育の推進（イベント）

物を購入する際には、環境に配慮して作られた商品やごみの排出量の少ない商品を積極的に選んで購入するグリーン購入が大切です。この取り組みを進めるために、環境配慮型製品の製造メーカー・環境ラベル所管団体・東海三県内の販売店と協働して、消費者にグリーン購入を普及・啓発する、「東海三県一市グリーン購入キャンペーン」を実施しています。

自動車の使用により排出される二酸化炭素を削減するエコドライブの取組としては、エコドライブの運転技術を競い、優秀者には景品を贈呈する大会を、JAF三重支部と連携して開催しています。

中小企業における対策としては、「M-EMS（ミームス）」の取り組みを進めています。M-EMSとは、主に中小企業の自主的な環境負荷低減の取組を促進する「三重県版小規模事業所向け環境マネジメントシステム」で、小規模事業者にとって取り組みやすく、費用負担が少ない環境マネジメントシステムです。

　これまでは、企業や家庭で取り組むことができる地球温暖化対策の紹介をしてきましたが、地球温暖化対策の観点からまちづくりを進めている、「地域と共に創る電気自動車等と活用した低炭素社会モデル事業」を紹介します。この取組は、ガソリン車から電気自動

車に変更した場合、二酸化炭素の排出量を約3分の1まで減らすことができることに着目し、伊勢市をモデル地域として2012年度からスタートしています。

電気自動車等を活用したまちづくりを進めるために設立された「電気自動車等を活用した伊勢市低炭素社会創造協議会」では、電気自動車等を地域や観光等で活用する取組を実施することとなり、商工会議所や観光協会等の地域の団体はもちろんのこと、大学、自動車関連企業、充電器関連企業、観光事業者等の賛同を得て、最終的には39の団体に協力をいただいています。

このモデル事業では、電気自動車等による観光モニ

みえ・環境マネジメントシステム・スタンダード

■ 三重県にはM－EMSがあります

(Mie Environmental Management system Standard)
事業経営の中で、環境への負荷を管理し、
継続的に低減するための仕組みです。
中小企業向けに、よりわかりやすく取り組みやすい規格です。

M－EMSの特徴

1. 要求事項の少ない「ステップ1」と、本格的な「ステップ2」の2つの規格を設定
2. 認証取得にかかる費用が安い
3. わかりやすく、取り組みやすい

ミームスによる環境経営の拡がりにご協力ください。

ターツアーやエコスタンプラリーなどの企画を次々と打ち出し、地域の個人や企業など、非常に多くの方々に電気自動車等を試乗いただいています。

電気自動車等の導入としては、伊勢市の「ええやんか！ マイバッグ（レジ袋有料化）検討会」からの寄付金と国土交通省の補助金を活用して導入した一人乗りＥＶ「コムス」4台、NTNから貸与いただいた「超小型モビリティNTN」5台を協議会に導入したほか、国土交通省の補助金等を活用した三重交通株式会社の大型電気バスの導入や伊勢郵便局の「ミニキャブミーブ」の導入などを実施することができました。

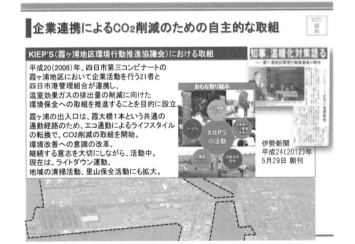

今後は、モデル事業の成果を踏まえ、他の市町とも連携し、電気自動車等の活用や家庭・事業者の省エネルギーの促進などの低炭素社会づくりの取組を県内に広げていくこととしたいと考えています。

続いて、四日市市の霞ヶ浦地区の企業と四日市港管理組合が連携し、温室効果ガス排出量の削減に向けた環境保全への取組をしているKIEP'S（霞ヶ浦地区環境行動推進協議会）の取組を紹介します。KIEP'Sでは、エコ通勤デー、従業員のエコ意識啓発、環境ボランティア、古紙合同回収、ライトダウンに取り組んでいます。特に、各従業員が通勤手段を普段よりも環境負荷の低い手段に転換するエコ通勤デーの取り組みに力を入れており、それまで別々に運行されていた通勤バスが、利用率と効率性向上のため共同運行便に統合され、通勤バス共同運行便の利用可能企業が拡大しています。

●適応の取り組み

ここからは、「適応」の取り組みについて紹介します。

地球温暖化の現状と将来予測についての最新の情報を県民・事業者にお知らせするために、気象庁や研究所、お天気キャスターなどを講師としてお招きして、毎年、講演会やセミナーを開催しています。

三重県気候変動影響レポート2014 の発行

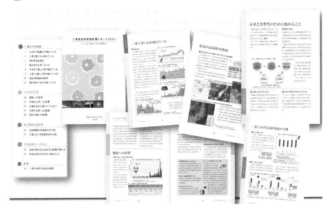

県民力でめざす「幸福実感日本一」の三重
「県民力ビジョン」(平成24(2012)年4月)より

いま起こっている大きな枠組みの変化
「大規模な自然災害の頻発」「人口減少社会と超高齢社会の本格的な到来」「世界経済のグローバル化」
県民一人ひとりが自ら行動し、ともに支え合うことによって、新しい三重を創造

「みえ県民力ビジョン」の政策展開の基本方向 ・・・・「守る」「創る」「拓く」

「守る」 ～ 命と暮らしの安全・安心を実感できるために ～

▽ 私たちのおかれている状況

| 一人ひとりの災害への備え | 持続可能な発展のため、地球規模の環境問題に対応 | 人口減少と超高齢社会に対応 |

| グローバル競争への対応 | 真に行政が取り組むべきものへの転換することについて、合意形成を図る |

【課題】
- 県内の地域間格差の解消
- 自然災害への対策(台風の大型化等が懸念され、局地的大雨が頻発する)
- 次代を担う人材の育成
- 県内産業の競争力向上と強じん化
- 農林水産業の担い手の減少と高齢化
- 観光産業の発展

【対応の方向性】
- 安全・安心への備え
- 今ある力の発揮と新しい力の開拓
- 県民力による「協創」の三重づくり

また、地球温暖化が三重県内においても進行している事実と将来の予測を知っていただくために、「三重県気候変動影響レポート2014」を作成しました。

津地方気象台によると、津市では100年間で年平均気温が約1.6℃上昇し、猛暑日は50年間で約6日増加していることが明らかになっています。三重県の気温上昇予測は、地球温暖化の原因となる二酸化炭素などの温室効果ガスの排出量がどれくらいになるかによって大きく変わりますが、いずれにしても、地球温暖化の進行は避けられず、もっとも地球温暖化が進行するケースでは、21世紀末には20世紀末と比べて約3℃上

予測される将来 ～ 三重県の年平均気温の変化 ～

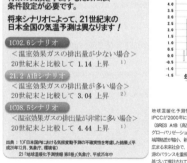
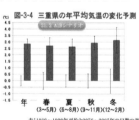

出典：(右上図、右下表)津地方気象台からの提供資料

三重県 ● 25

予測される将来 ～ 三重県の年平均気温の分布 ～

図-3-7 三重県の年平均気温の将来予測 21.2 A1Bシナリオ
（気候予測モデル：MIROC3.2hires、単位：℃）

20世紀末（1981－2000年） → 21世紀中頃（2031－2050年） → 21世紀末（2081－2100年）

出典：簡易推計ツール（国立環境研究所）に格納されているデータ（平成24年）

予測される将来 ～ 三重県の変化予測 RCP8.5シナリオ ～

図 三重県における年平均気温の変化予測（RCP8.5、MIROC5）

2031-2050: +約2.1℃／+約1.9℃
2081-2100: +約4.5℃／+約4.3℃／+約4.1℃
※ 気温はいずれも1981-2000 比

図 三重県における年平均降水量の変化予測（RCP8.5、MIROC5）

2031-2050／2081-2100: 1.0～1.1倍
※ 降水量の比率は1981-2000 比

図 三重県における土砂災害発生確率の変化予測（RCP8.5、MIROC5）

1981-2000／2031-2050／2081-2100

凡例 三重 土砂災害発生確率
~10%
10～20%
20%～

出典：「地球温暖化『日本への影響』」（環境省環境研究総合推進費戦略研究開発領域 S-8 温暖化影響評価・適応政策に関する総合的研究 2014年報告書）（平成26年3月）より 三重県のみを対象としたもの（国立環境研究所からの提供資料）

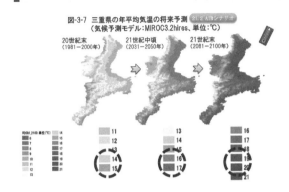

昇するとされています。

　気候の変化により、生物にも影響が現れています。桜の開花日は、津市で50年あたり約6日早くなっており、1980年代までは4月初旬の開花がほとんどでしたが、最近は3月下旬に開花することが多くなりました。カエデの紅葉も、津市で50年あたり約13日遅くなっており、1980年代までは11月初旬から中旬に紅葉することがほとんどでしたが、最近は11月中旬以降に紅葉することが多くなりました。

　地球温暖化による影響を予測した事例に、ウンシュウミカンの栽培適地の変化があります。現在の三重県

における栽培適地は、東紀州や志摩地方の沿岸ですが、もっとも地球温暖化が進行するケースでは、21世紀半ばにおいては、栽培適地は現在より拡大しますが、21世紀末になると、沿岸部での栽培は不可能になると予測されています。三重県では、こうした予測情報を関係者に提供していくことで、適応の取り組みを促進しています。

　産業革命前と比べて世界地上平均の気温上昇を2℃未満に抑えるためには、世界全体の人為起源の温室効果ガス排出量を2050年までに2010年と比べて40％から70％削減し、2100年には排出水準がほぼゼロまたはそれ以下にすることが必要とされています。

　このためには、今後、より一層の徹底した省エネルギーの推進、再生可能エネルギーの導入、技術開発の加速化、ライフスタイル・ワークスタイルの変革が重要です。三重県ではこうした取り組みが進むよう今後も普及啓発活動や人材育成を進めていきたいと考えています。

全国環境自治体駅伝 第42走者 2015年10月21日

「えひめ環境新時代に向けて
―バイオマス利活用推進―」

愛媛県県民環境部環境局　環境技術専門監（当時）

水口　定臣

地域の特性を生かしたバイオ燃料の地産地消について紹介されました。愛媛県特産のミカンは、ジュースの搾りかすがバイオエタノールの原料になります。技術開発もさることながら、社会全体の環境意識の高まりがバイオ燃料の普及に欠かせないことも指摘されました。

●宇和海一帯に赤潮が発生

　最初に愛媛県の環境の概要についてご説明した後、本題の方に入りたいと思います。

　『みきゃん』は愛媛県のイメージアップキャラクター、『ストッピー』は地球温暖化対策のマスコットです。両方共着ぐるみがあっていろいろな活動をしており、『みきゃん』の方は、ゆるキャラグランプリ2015に今年登録して現在1位ですが、『家康くん』に追い上げられています。今年は浜松で『家康くん』が出ているので、負けそうなので皆さんもぜひ応援してください。

　愛媛県は四国の北西にありますが、燧灘、伊予灘、宇和海、瀬戸内海環境保全特別法（瀬戸内法）では佐多岬の半島から上が瀬戸内海で、愛媛県ではほとんどの海域は瀬戸内法の規制対象になります。ですから兵庫県や大阪湾と同じような海水規制が愛媛県ではかかっています。愛媛県には四国中央に非常に負荷量が大きいパルプの工場がたくさんあります。新居浜あたりには化学工業が発展していて、化学工業が発展しているということは汚水も出ています。有害物質をもたくさん排出する工場もあります。今治はタオルの産業があります。松山は少しの化学工業とあとは温泉といったところです。南予の方では養殖が盛んに行われてお

水口定臣氏

りまして、やはり魚の養殖などは非常に環境の負荷が高いです。COD などはまだ魚が食べて消費するからいいのですが、窒素・リンなどは大量の負荷があり、愛媛県の中では赤潮が発生するのがこの宇和海一帯です。

　また、山間地は畜産が盛んです。豚や牛に飼料を与えて育て、肉を出荷しますが、やはり牧草の中で窒素・リンが出ます。そういうものが残った牧草が流出して、ダムなどで富栄養化が起こっています。そのように産業と環境には非常にいろいろな関わりがあるというこ

とで、愛媛県は結構広い面積がありますし、海岸線が1700kmということで全国5位なのですが、海も山もあり、石鎚もあるという状況になっています。

●ものづくりの工業系が多く残る県

　環境基準達成状況ですけれども、二酸化硫黄、一酸化炭素、二酸化窒素が100％、SPM（浮遊粒子状物質）も100％、オキシダントは0％、PM2.5が12％です。これは南予の南の方で基準点を作ったら一応達成できるところがあるということで、今は中国からの影響が大きいと言われていますが、それは全体には少しベースが上がる程度なので、大体海域は国レベルと一緒です。水質汚濁については健康項目、これは温泉があったりすると悪くなりますが、BODは全国よりは少し上、CODは湖沼は100％、まだまだ湖沼は綺麗という状況です。それから海域のCODは91％、国が78％ですから海が瀬戸内海の少し綺麗なところにあります。窒素・リンも100％、ダイオキシンも同様です。全国の平均よりは少し綺麗な環境にあるというのが愛媛県の状況です。愛媛県は閉鎖性水域であって、高度成長期にパルプなどの化学工場や水質汚濁が進行して、瀬戸内法ができて総量規制を始め、負荷量は1979〜80

年ごろ90トンあったのが今は五十数トンと半減に近い状況にきています。しかし、非常に早く産業系は負荷量が下がったのですが、現在はあまり下がっていないので、33トンと産業系の負荷量が高いという結果になります。愛媛はまだものづくりの工業系が多く残っている県であるということをご理解いただけたらと思います。

●瀬戸内海の環境は全体では改善

　瀬戸内海の現状は、ピンポイントではやはり汚いところは残っています。しかし全体としては綺麗になっているし、高度成長期ほどは汚くはなくなっています。沿岸に近いところの工場排水では異臭がしたり、魚が死んだりということはあったのですが、環境省が毎年行っている調査によると、横ばいがずっと続いているという状況になっています。

　汚水処理人口普及率は、大阪だと96％、兵庫が九十数％ですが、愛媛県は75％程度です。ですから下水がないところは多いですが、愛媛県の中でも例えば上島町は100％です。ここは町長が中心となり町をあげて取り組んであっという間に100％にしました。このように行政が主導すると100％というのは可能なのです

ね。しかし一方で水がきれいな大洲市、松前町などは普及率は50％にとどまっています。やはり下水道普及というのは行政の指導力とか、首長などの要求レベルでどんどん変わります。

次は愛媛県のCO_2の排出量です。基準値の1990年が1,908万トンで、2012年で2,437万トン。27.7％ CO_2の排出が増えています。愛媛県としても排出削減の努力を続け、2010年に1,941万トンとほぼ90年の水準まで落としました。達成できるかなと思っていたのですが、2011年に東北の震災がありました。これで原子力発電

愛媛県地球温暖化防止実行計画の概要

計画の基準年・目標年と削減目標　基準年：1990年度（平成2年度）

	目標年	削減目標（基準年比）
長期目標	2050年度	△70％程度
中期目標	2020年度	△15％
短期目標	2012年度	±0％

県自らの事務・事業に係る温室効果ガスの削減目標等

基準年	2008年度
目標年	2013年度
削減目標（基準年比）	△6％

削減目標の達成に向けた対策・施策

基本理念	基本方針
県民の暮らしと低炭素社会が両立する「環境先進県えひめ」の実現	エネルギー消費の少ない"ライフスタイル"への転換
	低炭素型の"ビジネススタイル"の実現
	"地球にやさしいエネルギー"の導入拡大
	低炭素社会の実現に向けた環境負荷の少ない地域づくり
	環境教育・環境学習の充実とパートナーシップの構築

所が全て止まって、火力発電で補ったところ2,437万トンに増えてしまいました。伊方発電所も動いていて、震災前と同じエネルギー状況だと1,947万トン。これから森林吸収分を引いて1,848万トンで一応基準年を下回ったのですが。関電や東電のところでは火力発電所もあるし、原発もあるし、エネルギーもあるし、そういう状況の中でそれほど悪化はしていません。しかし、四国のように伊方発電所で火力も含めて通常運転すると、電力排出ケースが変わります。1kw電気を作るのに一番良かった年の2010年で0.326kg程度のCO_2でしたが、今、0.75kg程度にまで上がっています。火力発電所が今たくさん作られていますが、こういうことをきちんと理解して政策を決めていかないと、将来、非常に難しい状況になります。愛媛県では、短期目標2012年10％。目標は国のベースに合わせて取り組んでおり、国のエネルギー基本計画ができたので、数字の見直しも今後行っていきたいと思っています。

　西日本で一番高い山は愛媛の石鎚山。ここでエコツーリズムということで自然の中でいろいろ体験できたり、エコツアー、ヒルクライムなども知事が参加して毎年行っているので、ぜひ参加して下さい。

●「えひめ環境新時代に向けて」

　本題に入りたいと思いますが、愛媛県では「えひめ環境新時代に向けて」ということで10年以上前に愛媛県環境創造センターというものを作りました。所長は愛媛大学農学部でバイオ関係に取り組まれた立川涼先生。近畿大学学長になって戻ってこられたので、所長に就任してもらいました。10年程度務めてもらい、今は森田昌敏先生にお願いしています。センターは所長はいますが、部下は誰もいません。バーチャル研究所です。そこでは環境の創造と復元をテーマに、所長と愛媛大学や民間の研究所の研究員の方をバーチャルの

えひめ環境新時代に向けて

愛媛県環境創造センター

設立年月日：平成12年4月1日

初代所長　立川　涼

現　所　長　森田　昌敏

環境の創造・復元

国内、海外の研究所へのネットワーク

研究員として任命します。県の試験研究機関の研究員も任命します。33人の人員が、いろいろなテーマを持ち寄って取り組むということで、バーチャル研究所を作っていろいろな情報収集を行い、研究を始めました。その中の一つで、研究部門と一緒に県民に対するアピールや、環境知識の普及ということで、えひめ環境大学を2001年から始めています。これはターゲットが毎年100人程度で、一般の人は対象にしていません。環境に知識があったり、環境に興味があって勉強している、そういう知識のある方に対する高度な授業を行っています。夏場に5回行いましたが、環境省の方を招いてトップクラスの講義をするという、非常に高いレベルの環境の講義を行っています。

●環境創造プロジェクトを推進

「環境創造プロジェクトの推進」について、バーチャル研究所で一番初めに取り組んだのが微生物を利用した水質浄化でした。環境浄化新技術公開試験です。これは何を行ったのかというと、民間技術6件を2年間比較しました。水を混ぜたり、カキ殻をおいたりいろいろなことをしたら綺麗になりますなどという技術を業者が売り込みに来ます。そうした技術が正しいの

か、正しくないのか。今、環境省で環境技術臨床試験ということでいろいろな一般的な技術試験を行っていますが、その先駆のようなもので、2000年からこうした6件の技術を公募して分析した結果を公開しています。評価はあまりしません。正しい結果になっているかだけをチェックします。正しい比較をするために、バーチャル研究所の中でいろいろな技術を集めて、評価をしました。その中で非常に効果があったようなシステムなどは、県で採用してさらに実証試験を行ったり、ポケットエコパークシステムというものを開発したりしました。愛媛県は下水が整備されていないです

環境創造プロジェクトの推進

○微生物を利用した水質浄化

環境浄化新技術公開試験

民間企業が有する微生物を活用した河川等の
水質浄化技術（6件）を公募し2年間公開試験

水質浄化システム開発協同研究

ポケットエコパークシステム

から、この中で生物膜を使って浄化してまた元に戻します。出てきた水は窒素・リンの栄養源が分解されて入っていますから、花壇の水にするとか、公園の中で水を綺麗にして植物を育てるというような、こうした施設を学校に6カ所程度置いたりして行っていました。

　その次にダイオキシンが問題だったので、小型焼却炉ダイオキシン類簡易削減技術開発ということに取り組みました。ダイオキシンに対する従来の技術の調査を行い、問題点がどこにあるかこの当時分からなかったので、そうした調査を行いました。それから、排ガス中のダイオキシン類簡易削減評価をして、灰を無害化していろいろな試験を行いました。ダイオキシンはもともとは1990、91年ごろ、紙パルプから出たというのがきっかけでした。皆さんはダイオキシンに対していろいろな考えを持っていると思うのですが、どこに問題があるのか、そういう観点で物事を見るようにしてほしいと思います。昔、問題になった時は、毒性が高かった。ダイオキシンの毒性とは何か、当時いろいろ言われましたけれども、ダイオキシンで死んだ人はほとんどいません。そういう中でダイオキシンはどういう毒性を持っているのか。そういうことをいろいろ調べた中で、自分としての考え方を整理してきちんと

持つのが大事だと思います。

次に木質バイオマスを利用した製品です。間伐材などが山の中に放置されて問題になっているということで、スギやヒノキの樹皮からシックハウス症候群の原因となるものが出ない素材を作ろうという研究にも挑戦しました。愛媛県の今の第6次長期計画「愛媛の未来作りプラン」というのがありますが、これで愛媛県の行政は全て動いています。その中では「4つの愛顔づくり」、「えがお」と読むのですが、産業、暮らし、人づくり、環境という4つの分野のなかで、環境がその中の1つの分野に位置付けられています。

第六次愛媛県長期計画「愛媛の未来づくりプラン」(その1)

基本理念 「愛のくに 愛顔あふれる愛媛県」

産業、暮らし、人づくり、環境の4つの分野で、次の愛顔づくりに挑戦します。

4つの愛顔づくりへの挑戦

産業分野
次代を担う活力ある産業を"創る"ことによって、「活き活きとした愛顔」があふれる愛媛を目指します。

暮らし分野
快適で安全・安心の暮らしを"紡ぐ"ことによって、「やすらぎの愛顔」があふれる愛媛を目指します。

人づくり分野
未来を拓く豊かで多様な『人財』を"育む"ことによって、「輝く愛顔」があふれる愛媛を目指します。

環境分野
調和と循環により、かけがえのない環境を"守る"ことによって、「やさしい愛顔」があふれる愛媛を目指します。

●調和と循環でかけがえのない環境を守る

　産業はモノを作らなければ生活できないということで項目の1つになっています。暮らしは安全・安心を守っていくということです。人づくりは未来を拓くには人がいるということです。そしてもうひとつは環境ということで、調和と循環によりかけがえのない環境を守ることによって、「やさしい愛顔」があふれる愛媛を目指すために、環境もその1つという形で取り組んでいます。プラン作りの中の「基本政策4」ですが、この中に環境と調和した暮らしづくり、環境学習、地球温暖化、環境への負荷が少ない循環型社会、良好な生活環境・環境基準が達成できているか、豊かな自然環境と生物多様性の保全、里山作り、農地から出てくるいろいろなものを環境に優しくしていく、環境にやさしい産業の育成ということで、再生可能エネルギーの利用促進、低炭素ビジネスの振興、恵み豊かな森林(もり)づくり、こうしたことを県の環境の基本政策として打ち出しています。

　その中で再生可能エネルギーの利用推進ということで、地域新エネルギービジョンの見直し、国のエネルギービジョンが今年から見直されました。原発が二十数％、石炭が30％など、どのようなエネルギー配分に

していくのか。また、小水力、バイオマス発電の導入などがあります。CO_2排出の少ない小水力、それからバイオマスを利用してエネルギーを作っていきましょうということです。また、地域特性を活かしたバイオマスもあります。要するにごみを資源として活用し、木質バイオマスや天ぷら油など地域の資源を利用して、エネルギーの地産地消でバイオ燃料を使うというのを１つの目的としています。

　さらに再生可能エネルギーの導入・促進によるエネルギーの地産地消があります。太陽光、水力などの再生可能エネルギーを、買い取り制度などを使ってエネルギーとすることで樹木を消費する。当然、北海道から東京まで運んでくるのは非常にコストがかかりますから、地域で作って地域で使う、それを基本に再生可能エネルギーを導入するのが有効です。そして家庭用燃料電池、蓄電地の導入もあります。太陽光発電では昼間は発電しますが、夜はそれがありません。夜の電気は外からもらわないといけません。風力は風が吹かなければ電力ができません。そうした中でそれらのエネルギーを大きな電力会社が蓄電して持っていくのではなくて、各家庭で変動を吸収する。こういうことをしないと、今、太陽光でも電力会社が買い取り制度を

止めるケースが出ていますが、自然エネルギー、再生可能エネルギーを皆が利用して、CO_2の少ない世界を作るためには、各家庭で負担もしながら有効にエネルギー活用をしていく必要があるという考えのもと、愛媛県としては推進しており、今の政策が進んでいます。

●10年間のバイオマス活用推進計画に取り組む

　愛媛県バイオマス活用推進計画は、2012年からの10年間の計画です。「みんなでバイオマス」、「広げようバイオマス」、「チャレンジしようバイオマス」の3つのテーマを基本方針に取り組んでいます。みんなでバイオマスというのは、バイオマス活用に参加しようということです。天ぷら油を出すこともそうですし、県民が何らかの形でバイオマスに関わる、そうした中でバイオマスの使われる用途も広がるし、そうしたものが使われて社会の中でごみが回っていくという、そういう社会を作るためには皆が使わなければなりません。バイオマスをもっと知ろうと、いろいろなところで普及計画を広げています。バイオマスを使おう、購入促進をしましょう、県と市町が連携してとにかく皆でバイオマスを活用しましょうということで進めています。

みんなで・広げよう！チャレンジしよう！
愛媛県バイオマス活用推進計画
計画期間：平成24年度〜33年度（10年間）

基本方針1　みんなでバイオマス

- 施策1　バイオマス活用に参加しよう
  身近な取組みへの参加を推進します。
- 施策2　バイオマスを使おう
  バイオマス製品などの購入、使用を促進します。
- 施策3　バイオマスをもっと知ろう
  バイオマス施設などの情報発信を充実させます。
- 施策4　県・市町で連携しよう
  連携により取組みの広域化と効率化を図ります。

基本方針2　広げようバイオマス

- 施策5　食品廃棄物・農作物非食用部の活用
  より高度な活用方法を検討します。
- 施策6　木質バイオマスの活用
  製材工場等残材、林地残材などの活用を推進します。
- 施策7　水産業関係のバイオマスの活用
  水産業から発生するバイオマスの活用を推進します。
- 施策8　その他のバイオマス®の活用
  現在の活用方法を引き続き着実に推進します。

※家畜排せつ物、紙、藁類

基本方針3　チャレンジしようバイオマス

- 施策9　エネルギーへの活用
  技術動向を勘案して、導入可能性を検討します。
- 施策10　新たな挑戦
  新たな研究・開発を推進します。

　広げようバイオマスということでは、食品廃棄物、農作物を高度に活用してもっと使いやすくすることを目指します。使われないものについてもより使えるように努力します。それから水産関係のバイオマスがあります。魚をさばいたらアラが出ます。愛媛県は養殖県ですから、魚で出荷すればいいのですけれど、最近、外国では3枚におろせないので、3枚におろして封をして出荷する形態になっています。頭や中骨が残ってしまいますから、そういうのもごみにせず活用することを目指します。それから木質バイオマスです。これは最近、間伐もしなくなっているのですが、とにかく

切って倒してそのままという形になっているので利用したいということです。その他いろいろなバイオマスがありますが、そういうものも活用していきます。今までは資源として使っていただけだけれど、これからはエネルギーへ転換して地産地消をしていきましょうということも考えています。

　愛媛県のバイオマスの状況ですが、有名なバイオマスは家畜の排せつ物です。これはおおよそ活用率96.6％です。2021年の目標が97％です。それから汚泥があります。これが35〜50％程度ですが、80〜85％ぐらいまでにはしたいと思っています。それから紙は78％です。黒液、これは紙を作った時に最初に出る液ですが、これはほとんど燃えるので100％使います。それから食品系です。今47.9％ですが、55％くらいまで上げていきたいと考えています。それから木質系です。山の間伐材、山の中に放置されるものは4割くらいしか活用できていません。稲わらやもみがらなどもだいたい使われているという状況になっています。こうした中からどのバイオマスを県として選んで取り組んでいくか。その上でまず愛媛県バイオマス利活用促進連絡協議会を作り、市町・大学・NPOなどさまざまな団体の調整を図るということで、年に数回会議を開い

ています。最近では計画論もできたので、講演会なども行っています。西条市にある株式会社ジェイコムでは、病院などから出る使用済みの紙おむつを集めて、そこからバイオエタノールを作って燃料として売ろうということで取り組んでいます。すでに今治の工場も立ち上がっており、紙おむつから使用済みの廃棄物も糞尿も含めて処理して、バイオエタノールを作る会社を立ち上げようとしています。

○愛媛県バイオマス利活用促進連絡協議会

○目 的
「愛媛県バイオマス活用推進計画」を着実に推進し、バイオマス資源の生産の促進、収集・運搬の効率化、利活用技術の開発・普及、バイオマス製品の生産・流通・消費の拡大等の取組みが総合的・効果的に展開されるよう、関係機関・団体間の情報交換、連絡調整等を図る。【H16~】

【平成26年度会議】
日　　時：平成27年2月12日
招待講演：（公財）京都高度技術研究所
　　　　　バイオマスエネルギー研究部長　中村一夫 氏
　　　　　「最近のバイオマス利活用を取り巻く動向」
事例発表：㈱ジェイコム　代表取締役　眞鍋敏朗 氏
　　　　　「バイオエタノール製造の取組み
　　　　　　　～使用済み紙おむつから～」

●みかんからバイオエタノールを製造

　愛媛はみかんがたくさんあるということで、2008年から環境省の温暖化研究費の受託費をもらって、みかんからバイオエタノールを作る実験に取り組みました。大学と県と新日鉄エンジニアリングの３者の産官学共同で研究するということで、補助金をもらい、ポンジュースを作っている愛媛飲料の工場の中にプラントをつくり、みかんの搾りかすからエタノールを作っているのですが、みかんジュースを搾った残りをさらに搾って出た液から５％のエタノールが作れます。搾

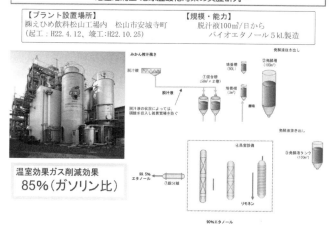

ったものをさらに搾ってみかんのかすの搾りジュースができます。それにはリモネンやいろいろな雑菌が入っています。普通の酵母でお酒を作るとリモネンが入っていて、発酵するのが難しいということで、みかんは柑橘系のみかんの香り、あれがリモネンの成分ですけど、あれが入っていると発酵率が悪いです。ということで、まず最初にリモネンが入っていても発酵できる菌を見つけました。この間もアメリカから取材がありましたが、アメリカではみかんの搾りかすを生ごみとして捨てています。日本ではなぜできるのかというと、リモネン耐性から菌を見つけたからです。それならアメリカでもできるかもしれないと取材に来たのです。アメリカではトウモロコシや穀物から作っていますが、やはり廃棄物から作りたいということなので、ちょっとしたことで発酵阻害を起こしている原因を調べて、それに対応する技術を開発することを目指します。ちなみにこのプラントは13億5000万円で、国100％の出資です。2009年で58kl、10年で107kl、12年で41kl、13年で49kl。製造したエタノールで実証試験などを行いましたが、エタノールは腐食性があります。配管などがエタノールを入れることによって腐食して穴が空きます。なかなか専用のボイラーでないと長期

的に燃やせません。そうしたネックがあるので、ガソリンと混合したり、灯油と混合したりして普通の機械で使えるかという実証をしました。やはりエタノールを燃やすと装置も高いし、ボイラーも高いし、燃料も高いということで、非常に難しいということで、普通の灯油やガソリンを混ぜるなどして検証してエタノールの用途を広げました。そういう形で普及する基盤ができたのですが、やはりガソリンとして車に売るのが一番高いです。ボイラーで売るのであれば、灯油などと競争するとリッター30円とか50円になります。ガソリンとだと130円くらいになります。ですから製造コストが130円になったら採算が合うということで、対ガソリンとして車に売るのを目標に取り組んだのですが、ガソリンを売っている石油連盟の壁が厚くて、これを扱うところがガソリンスタンドから除外されるのが日本のルールなので、愛媛県ではなかなか突破できず断念しました。もう少しコストを下げるためには、リモネンを回収して香料として売るなどが考えられますが、なかなか難しいです。今エタノールを作ると1リッター220円〜300円ほどになります。130円のガソリンと対抗するには年間2,000万円以上投入しないといけないので今は止まっていますが、技術として確立

できました。今後は社会の中でそういう技術を活かせる状況になった時に、再び材料にできたらいいと思っています。

　今、新潟県がお米からエタノールを作っていますが、新潟の場合はJAが行っていますので、ガソリンスタンドは自分のところで持っています。でもガソリンは日本では売ってもらえないので韓国から買っています。新潟県は原料米を使って行っていましたが、減反補助金が去年からなくなったので、作るのをやめてしまいました。こうした技術はいつか生かせる時が来ると信じて、県としてはいろいろ取り組んでいます。

●BDFへ方針を転換

　結局、問題点としては自動車燃料でバイオエタノールの利用が進まない、燃料の製造コストが化石燃料由来ガソリンに比べて高い、要するに採算ベースに合わないというのが最大の課題です。自動車燃料でアルコール由来のガソリンというのは難しいので止めて、BDFの方へ舵を切り始めています。その普及の環境整備を今行っています。また、E3は3％分だけガソリン税が安くなっています。しかし、軽油の引取税については、B5では安くなっていません。最近、兵庫

県は県税でB5の免税措置ができるようになったようですが、全国的には特例として行うしかないという状況になっています。やはり自分のところで地産地消でエネルギーを独立できるようにするのが目標なので、温暖化対策、循環型社会の構築を目指して方向転換をしています。取り組んでいるのが使用済みてんぷら油を回収してバイオディーゼル燃料B5を作る試みです。実践型・普及型を目指しています。この工場はダイキという愛媛県の浄化槽のメーカーなのですが、ダイキがもともと天ぷら油を回収した理由は、浄化槽メーカーとして油が浄化槽に入ってきて困っていたからです。廃油はきちんと適正処理してくれないと、台所に流されたら浄化槽が壊れてしまいます。そうしたことから使用済みてんぷら油を何とかしようと、水質、地球温暖化、廃棄物などの観点からシステムを構築しました。

　2005年に県としてはBDF製造装置の開発や製造試験を、環境創造センターで始めました。この時は県は天ぷら油ではなく良質の油を使いたいということで、ひまわりを植えました。田んぼにひまわりを植えて、ひまわり専用の刈り取り機も作りました。ひまわりの油を回収して、苛性ソーダを入れアルコールを入れ、

生成してBDFを作りました。非常に質の高い油ができました。

今治南高校や大洲農業高校の耕運機で使いましたが、リッター何千円の油です。2年ぐらい行いましたが、コスト高にはどうしても対応できませんでした。ひまわりの油は11万1,000円になってしまいます。コストが高いので、やはり天ぷら油がいいということで、2006年からモデル事業によるバイオマスエネルギーの利活用促進や県民への普及啓発を行いました。2009年からはB5は今の社会の中では一番使われやすいし、

CO_2対策になるということで、B5を展開しています。2011年にはバイオ燃料の利用拡大を目指して１円か２円安くして、好評で売り切れました。しかし、なかなか石油連盟から安定した供給が得られず、試験販売で終わっています。やはりガソリンスタンドで売るからには利用がたくさんなければならないという課題がクリアできないと非常に難しいです。

●B5の悪いイメージなくし利用促進へ

　天ぷら油からB5を作って、天ぷら油を使ってCO_2を下げましょう、協議会でやりましょう、要するに県と市町が連携していい天ぷら油を集めてもらうということで、のぼりを作って市町の職員を集めて県と連携して、イベント等を行って使用済み天ぷら油を一般家庭から回収することに取り組みました。なぜ市町が行うかというと、市町が一般廃棄物の回収の責任者だからです。家庭から出る一般廃棄物は市町村が処理することになっているので、市町村が使用済み天ぷら油を一般廃棄物として回収する取り組みを行っています。回収してくれる市町村は18で、愛媛県は20ですから２つ残っています。2014年の回収実績が24万ℓです。東温市では学校給食センターがＢＤＦを自分のところで加

工していて、古いタイプのディーゼルエンジンなら天ぷら油100で走ります。最近のスカイアクティブなど新しいタイプは燃料噴射とか電子制御を行っているので、天ぷら油100％で使うと3カ月に1回配管掃除などをしなければ動きません。でも古いものは常に配管を変えたりしなければいけないのですが使っています。最近のものはB5といわれる5％だけ混ざっているものだと問題なく動きます。これは揮発油の法律の企画をクリアしているので、普通に使ってもらって大丈夫です。しかし、B100の天ぷら油の臭いがつくトラックは調子が悪かったというイメージが残っているので、Ｂ５の普及がなかなか進みません。県としては今、Ｂ５の悪いイメージをなくしてＢ５を使うことを推進しています。

●子供向けバイオマス啓発冊子も作成

　愛媛ではストッピーポイント制度というのを実施していて、ペットボトル１本、500mlの使用済み天ぷら油でスタンプ１個もらえ、25個で50円相当の割引券やポイントとして使用できます。もう少しつけたいのですが、これ以上つけると赤字になるので、人で回収しているという状態です。それでも、これを始めてから

だんだん回収量が増えてきています。木質バイオマスが多いのですが、バイオマスを活用していて、子供たちが施設見学に行ったら見せてくれるところ等を記したマップも作っています。施設見学などで子供たちにそうしいたものに対して、小さい時から興味をもってもらうことを狙っています。子供向けのバイオマス啓発冊子も作成しています。小学校5年生に配りました。やはり子供の環境学習も最近少なくなってきているので、こういう形でパンフレットを配って先生方に子供の頃から教育していただくというのが良いと思います。子供向けの出前講座では、ディーゼル式のゴル

【経済的インセンティブの付与】
エコアクション広がっています！
役立ってます！ 使用済み天ぷら油

エコえひめ・ストッピーポイント制度 では
使用済み天ぷら油500mlペットボトル1本につき、1個スタンプ押印
<u>25個集めると</u>、<u>50円相当の割引券</u>、<u>ポイントとして使えます</u>。

【回収場所 50カ所】
愛媛県体験型環境学習センター、えひめこどもの城、まつやまRe・再来館(りっくる)、鬼北町、砥部町、ホームセンターダイキ 33店舗、松山生協石井店 松山将棋センター

回収量と温室効果ガス削減効果		
23年度 (23年7月1日〜24年3月31日)	3,688ℓ	(約 9,221kg削減)
24年度 (24年4月1日〜25年3月31日)	9,695ℓ	(約24,238kg削減)
25年度 (25年4月1日〜26年3月31日)	13,447ℓ	(約24,238kg削減)

軽油代替燃料の原料として使用されるので、使用済み天ぷら油1ℓあたり約2.5kgのCO2を削減
※「エコアクションの温室効果ガス削減効果算定事例(参考資料)」(H23.3環境省)をもとに算出

フ場のカートに天ぷら油で作った燃料を入れて、子供たちに試乗してもらい、普通に走るということを認識してもらうようなことも行っています。環境イベントによる普及啓発では、さまざまな展示会などで啓発を行っていますし、バイオ燃料理解促進ということで、早稲田大学から研究員の方を呼んで市町村やNPO、企業等の関係者を集めてセミナーや講演会を開催したりしています。

こどもの城というのが愛媛県にあるのですが、バイオ燃料を使ってクリスマスのイルミネーションを軽油

の発電機で点けました。本当は松山城でも行いたかったのですが、実現できませんでした。もっと大きなイベントで使用したいのですけど、失敗した時の責任問題を問われると難しいのが現実です。やはり子供の時から考えていかないと、大人になってからでは遅いと思います。動物園のライオンバスは天ぷら油で走っています。子供の時から認識してもらうことにいま取り組んでいます。

路線バスも1カ月だけB5で走らせました。本当は半年程度で10台くらい走らせたかったのですが、なかなか一気には難しいです。1台、2台と増やしていって、実績を積み上げていくしかありません。

2014年度にトラック13台にバイオディーゼルを入れてアンケートを実施したのですが、この時協力してくれたのは日本通運さんと日通四国運輸さん。大手ですよね。これだけの大規模なトラックを持っているところしかなかなか協力してもらえません。走行試験を行って、「いいですよ」とか「雰囲気は変わらない」という意見があったのですが、その中になぜか「燃費が良くなった」という意見もありました。B5を入れたらCO_2は減るのですが、燃費が良くなるはずはないのですが。なぜかというと軽油の発熱量とB5の発熱量

はB5の方が小さいので、エネルギー的には落ちるのです。エタノールもガソリンに比べたら発熱量は落ちますから、同じ発熱量を出そうと思ったらたくさん燃やさないといけません。エコな油を使うことによって、アクセルをふかさないなど、おそらくエコな運転をしたのではないでしょうか。今年は県でマツダのＸ５を買いました。ラッピングをしてこの車は天ぷら油を使っているとアピールしています。

　自家給油施設整備モデル事業として、県と民間と市町が３分の１ずつ出して、給油機を設置しました。ガソリンはガソリンスタンドで買ったら皆さん同じ130円で買いますよね。軽油は違うのですよ。軽油はトラック会社やバス会社は自分のところでパイプを作って、ガソリンスタンドと同じような値段で購入できます。そういうことでバイオディーゼルはものとしてはきちんとしていますが、なかなか普及にはいろいろな足枷があるということです。

●新たな展開としてリンに注目

　最後に、環境創造センターはバイオディーゼルの普及は今は行っておらず、新たな展開としてリンを扱っています。日本はリンができないのでアメリカ、中国、

ロシア、モロッコから７割ほど輸入しています。あとはリン鉱石という形で入ってきて、それを生成していろいろな形で輸出しています。これからも日本では農作物を作るにしてもリンは要るので、リンが重要視されています。でも日本にはなく、リンの資源は確保しないといけないということですが、リンはどうなっているかというと、作物になったりいろいろなものに入って体を通って、小便・大便になって出ます。人間は１日2gリンをとって2g出します。それは下水処理場、し尿処理場に流れて行って、最終的には排水規制を行っていますので海に流せないので回収して汚泥にします。その汚泥の中のリンは最終的には今は焼いたりして、減容化して埋め立て処理をしています。外国から買ったリンが、最終的にほとんど日本の埋め立て場に消えていく。そういう循環しないサイクルになっています。それでこのリンを循環させようということで、汚泥を焼いてそこから出てくるリンを回収する試験をやっています。汚泥で本当に高いところは３０％くらいリン鉱石より高いリンがあります。でも溶けにくいリンなので、処理が難しいのですが、リンはたくさんあるのです。

　し尿処理施設に乾燥して埋め立て処分になって焼い

たものを酸で溶かしたりアルカリで溶かしたりいろいろ方法はあるのですが、水を入れて完成品で溶かしてそれを注射器で回収するというシステムを考えて、3年間で9,000万円程度のミニプラントを作りました。し尿処理場の中に1／100スケールのテントを作ってリンを回収していました。

　この技術でリンは取り出せました。しかし、やはりし尿処理場や下水処理場になると有害金属がたくさん出てきます。そういうものをどう処理するのか、もう1度元に戻すのか、廃水処理ももう1度しないといけないのか、そうした問題点があるし、し尿処理場や下水処理場ごとに形状が違うので、今は形状ごとに違う処分場での研究をしています。リンについても今まで100％回収処分していたものを、今後はまわしていくということを目指して回収を行っています。

　ということで、愛媛県では環境創造センターというところで最先端の研究をしています。いろいろやってみて思ったことは、環境というのは1年か2年本当に親身に勉強したら先は見えます。後はコストをどうするかです。必ず環境問題を解決する技術は見つかりますが、コストを誰が負担してくれるのかが課題になります。コストの問題は必須になると思うのですが、技

術はちょっと勉強すれば最先端に追い付けますので、がんばって将来、環境の分野に進んで下さい。

全国環境自治体駅伝　第43走者　2015年11月25日

「椹野川河口干潟における里海の再生に向けた取り組みについて」

山口県環境生活部自然保健課自然共生推進班主任（当時）

古賀　大也

　椹野川の河口域には広大な干潟が広がり、カブトガニ等希少な生物が生息する一方、漁獲量の減少に伴い、泥浜干潟の拡大や生物の減少といった干潟生態系の改変・改質が生じました。そこで、里山の再生に向け、産学官民が共同・連携し、流域全体で取り組んでいる活動について紹介されました。

●椹野川流域全体を1つの単位として総合的な取り組み

今回の山口県の環境の取り組みについての講演では特徴的なものということで、2002年から行っている独自の取り組みですが、椹野川流域全体を1つの単位として流域住民を巻き込んだ総合的な取り組みを行っていますので、その話を中心として椹野川の再生に向けた活動をお話ししたいと思います。

講演の概要ですが、初めに森・里・川・海の保全と再生を通じた地域作り、連携・協働の例として「やまぐちの豊かな流域作り構想」、椹野川モデルの策定な

古賀大也氏

どについて紹介していきます。椹野川は山口県山口市の中心を流れる二級河川で、24の支流を持ち、流域面積322.4km^{2}の山口県内で4番目の流域面積を持つ河川となっています。上流の中国山地から県庁や市役所のある市街地を通って河口域に大きな干潟を形成する山口湾に注いでいます。椹野川は上・中・下流域までが非常にコンパクトで、そこに暮らす人々が森・里・川・海の全てを身近に感じられるという特徴のある川です。

　山口湾は県内でも有数の干潟が広がり、シベリアや

カムチャツカから日本列島を横断して東南アジアに向かう渡り鳥や、モンゴルや中国から朝鮮半島を経由して中国・四国へ横断する野鳥のクロスロードの場所にもなっています。ミヤコドリは昨年度に来た珍しい鳥です。またカブトガニの生息地でもあり、日本の重要湿地500にも選定されている場所となっています。

　2002年当時は、森・里・川・海全体で生き物が減った、環境が変化したと言われていました。当時、森林の手入れ不足、里山の荒廃、ダム等の建設による下流域への射出の減少、都市化による生活排水対策、水田の減少、漁獲量の減少など複合的な課題が生じていました。こうした課題は、これまでの行政関与の取り組みでは解決できないような複合的な課題ではないかということで、山口県では関係主体と連携した取り組みが重要だと考え、将来像や方向性を示した指針を策定することとしました。このため、2002年に山口県の基本計画である「やまぐち未来デザイン21」に『森・川・海共生プロジェクト』というものを位置づけて椹野川をモデルとした「豊かな流域づくり構想」の策定に努めました。ちなみに流域というのは、雨などの淡水が地表や地下を通り、川の水となって集まり、海に流れるまでの範囲をいいます。水を通じて立体的な生態系や

生活圏を形成しており、行政単位とは異なった社会の基本単位の形成と考えています。このように水や川につながった流域を基本単位として、生活と環境の関係を再確認することが重要な意味を持つことになるとして、その流域を豊かにしていくことを流域作りと呼んでいます。すなわち自然環境や生態系、人々の暮らし、歴史・文化・産業を統括した視点で、川単位で地域作りを実現することであり、身近な生活を見直す地域や、持続可能な社会を実現することになります。

●「やまぐちの豊かな流域づくり推進委員会」を立ち上げ

　2002年当時の話ですが、椹野川地域では漁協や森林組合、農協等で組織する椹野川流域活性化交流会などがあり、また上流部の環境保全活動を行ってきた源流を守る会など流域の課題を肌で感じ、その問題の解決に事業者から取り組もうとする団体がありました。豊かな流域作りにはこれらの方々との連携協働が必要と考えています。そこで2002年6月に流域作りを本格的に検討するため、山口県では「やまぐちの豊かな流域づくり推進委員会」を立ち上げています。この会は行政だけではなく、産（森林組合、漁協、農協）・学（大学、研究機関）・官（山口県、山口市）・民（NPO法人、

自治体、任意団体）の関係者で連携協働を図るために組織しました。加えて、この流域づくりの計画を策定するために小委員会というものを設置しまして、流域に住んでいる方へのアンケート調査や関係部局ワークショップなどを通じて作業を進めていきました。

特徴ですが、椹野川は上流域には森林が広がる山容地帯となっています。中流域は住宅地が広がっています。こちらは水利用の中心地になっていて、下流域は海との関わりが強く、同時に干拓地による農地が多い区域となっています。環境の変化を見比べていくと、

豊かな流域づくりの推進について

これまでの行政の取組では対応が困難な課題

【対応策】
・流域全体を捉えた対策が必要
・関係主体の協働・連携による取組が重要
↓
将来像・取組の方向性を示した指針が必要

やまぐち未来デザイン２１『森・川・海共生プロジェクト』

椹野川をモデルとした「豊かな流域づくり構想」の策定へ
（平成１５年３月）

まず上流の森林は一見してみると木が生えており豊かに見える山なのですが、実は何も生えていないような地表が広がり、降雨の影響で土砂崩れが起きやすくなったり、また生物の生息が見られなくなっています。森林の関係者によるとこのような状況は緑の砂漠というように言っていました。

また生活排水ですが、当時椹野川流域の生活排水処理率は60％台で、まだまだ未処理人口が多い状況でした。山口湾では昭和初期から埋め立てが行われており、約500haが国の事業で埋め立てられています。現在は

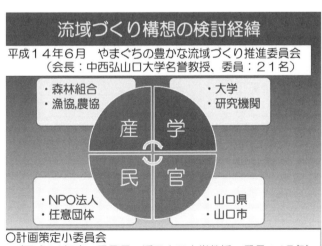

約350haの干潟面積となっており、湾内の面積の減少によって海水の交流量の減少、埋め立て工事などによる濁りなどの影響が出たと考えています。その他の社会的な要因として、竹林や人工林の増加、海域の変化として河川重量の低下などが起こり、最終的に干潟の性質の低質化や有機物の減少、そして干潟生物の減少などが引き起こされていると考えました。

●6つの循環共生プロジェクトを推進

このような基礎的な調査や文献からの情報収集で、やまぐちの豊かな流域づくり構想を策定しています。

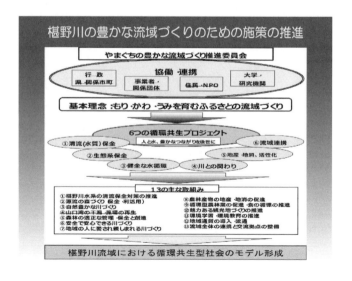

森・川・海を育むふるさとの流域づくり、ふるさとの川へつながる循環共生型社会を目指すことを基本理念として、清流保全、生態系保全、健全な水循環、川との関わり、地産・地消、活性化、流域連携の６つの循環共生プロジェクトとして人と緑の豊かなつながりを後世に残していく、こうした目標を定めました。これらの６つのプロジェクトと13の主な取り組みと役割を定め、循環共生型社会のモデルを形成する取り組みを実施していきました。13の主な取り組みの中で特に社会的に活動しているものに山口湾の干潟・藻場の再生がありますが、これについては後半に具体的に説明していきたいと思います。構想を立てた後、椹野川流域で取り組んでいるのですが、その事例を紹介します。

　上流では森林組合などの方たちだけで活動していましたが、現在は海の漁業者も一緒に参加して植林活動を行うという形で交流が進んでいます。現在は四季折々で紅葉などが楽しめる場所になっていて、今も自治会を中心に下草刈りを行いながら手入れを行っています。

　椹野川は鮎が生息している川ですが、鮎の産卵場では川底の砂を掻きだして一定の大きさ、こぶし大以上の大きさの石を取り除いて川底を整えて産卵に備える

ということをしています。だいたい秋頃、10月上旬頃に行っています。その他の地域活動で、流域連携を促す取り組みとして地域通貨「フシノ」というものを発行しています。こちらは椹野川に関するボランティア活動に参加して下さった方に対して、団体または流域の協力店に感謝の気持ちを込めてフシノ券というのを発行し、お渡ししています。流域の協力していただいているお店については、100円、50円、10円といった割引券という形ではあるのですが、協力店に応じて利用できるようになっています。これまでの活動でボランティア延べ3万3千人にお配りしていて、約960万フシノが発行されています。このように、流域活動では様々な取り組みによって連携が行われています。

　特に椹野川の流域活動で盛んなのは河口域の活動なのですが、そちらにスポットをあてて紹介していきます。先ほどの豊かな流域作り構想の策定の中でお話ししましたが、山口湾では場所によって流域化、人の手が入らないことによる硬質化、無機質化、湾全体ではアマモ場の減少や新入種の影響などによって生物生産と生物多様性が減少していました。山口湾の特に上流の辺りを中潟と呼んでおり、人が入らなくなったことにより逆に地盤が固くなる、硬質化という現象が起こ

っています。この辺りはアマモ場が減っているということになります。

●「椹野川河口域・干潟自然再生協議会」が発足

山口湾の漁獲量は1970年代をピークに減少の一途を辿っています。また、アサリの漁獲量は1970年代にはおおよそ1,500トン取れていたのが、1991年にはほぼ0になりました。かつて資源量が豊富で宝の海とまで呼ばれていた山口湾ですが、ここ30年間で大きく様変わりしました。干潟環境は森、川で重要な場所です。もちろん上流、中流の問題も解決する必要はあるので

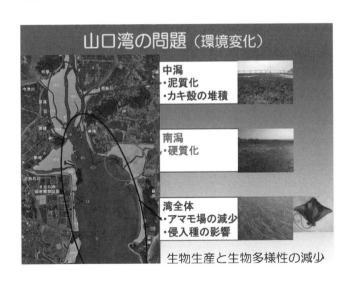

すが、下流においての活動を効率的に進め、重点的に改善する必要があると山口県では考えました。そこで2003年3月、自然再生研究法の枠組みを活用し、河口域の課題を解決するため、椹野川河口域・干潟自然再生協議会を豊かな流域づくり推進委員会とは別に立ち上げ、山口湾の再生活動を行うことにしました。

　自然再生を進めるために、①生物多様性の確保②多様な主体が参画する産学官民の連携・協働③科学的調査に基づく順応的取り組み——の3つの視点を設け、トライアル&エラー、試行錯誤しながら実施していくことにしています。

　自然を再生するということは、放置するということではなく、手をつけないところは手をつけず、放置すれば悪化の一途をたどる場所については積極的に手を加え、状況を良くするということです。再生のキーワードとして、漁場環境・水循環・生物多様性・親水性などがありますが、それらを総合的に改善し、人の手が加わることで生物生産・多様性が深まること、すなわち里海を再生することを目標として取り組みを進めています。①人と生き物の共存②生活・なりわいとのかかわりあいの維持・向上③水産業等への影響を最小にしつつ多様性の向上を図る④多くの住民が水辺に親

しめる⑤資源豊かで恵みを享受する——ということを目指しています。

　椹野川河口域・干潟自然再生協議会は現在第6期になりますが、62名の方が委員として参加しています。委員は定期的に会議を開催し、ワークショップなどを通して再生活動の評価など意見交換を行っています。この協議会は団体も個人も2年に1度一般公募していまして、次回は年明けの3月にまた公募をすることになっています。18歳以上で椹野川、山口湾にゆかりのある方ならだれでも参加ができます。

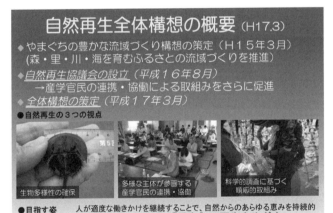

山口湾をより細かく調査し、現状を分析すると、場所ごとで特徴が異なるということが分かります。特徴的には砂質、泥質の干潟がそれぞれ広がっており、泥質の場所にはカキが多く生息している。砂質は干潟が固くなっている。これらの自然・社会的特性に応じ、それぞれをゾーニングしました。ゾーニングを行った後に自然再生目標・取り組みをそれぞれ策定し、役割分担・作業内容を設定し、それぞれ取り組みを進めていくこととしております。

　エリアごとにそれぞれ生物の調査（モニタリング）を行い、生物多様性の保全につながる効果があったと結論づけています。しかしこのような大規模事業は、良質な砂の確保がその他の地域への影響を検討する必要があるということで、実証試験が行われた後、一定の成果が見られたのですが、多額のお金がかかったり事業効果はあるものの、今後継続していくということにはつながりませんでした。

●**アサリは重要な生物のひとつ**

　砂干潟は人の手が入らなくなるといった形で干潟が固くなり、アサリなどの生物が減少していました。昔は山口湾では非常にアサリが獲れるということで、誰

でも入って潮干狩りができるといったエリアになっていました。潮干狩りをするということで、アサリを獲るので干潟に手を入れる形になり、それが繰り返されていましたが、アサリが獲れなくなって次第に誰も入らなくなり、それにより干潟がどんどん固くなったという状況でした。また、このエリアは干潟が固くなっているという特徴もありつつ、一方ではカブトガニなどの希少な生物が生息している場所でもあります。中潟とは異なり、希少な生物、カブトガニに配慮するということで、機械ではなく人力での作業を実施する形で採集活動を行いました。

　アサリは水質浄化、有機物分解者として、クロダイなどのエサになる重要な生物のひとつです。我々の生活や漁業者の生業にも密接に関わっており、全く獲れなくなっていたアサリを指標として豊かな干潟の再生に取り組むこととしています。アサリは多くの流域住民や関係者に理解が得られやすく、住民参加型の干潟再生事業として実施していくことができました。砂干潟の干潟再生は4,500m^2を中心に再生活動を行っています。住民参加型の干潟耕耘、2004年の試験実施から現在まで行われています。干潟地盤を柔らかくすることで、栄養分を引き出したり、還元層を好気化したり、

でこぼこを造ることで適度な水の流れを造る、干潟の温度上昇をこれで抑えるといった効果を期待して実施しています。このような地道な作業で干潟は柔らかくなり、アサリの稚貝が定着していくようになりました。

　作業におけるモニタリングの結果、測定したアサリの稚貝は春に増加はしていますが、夏を迎えると大幅に減少するということが確認されました。食害による減少をまず防ぐために、2007年からは干潟を網で覆う対策を行いました。特にナルトビエイやクロダイの食害が見受けられたということもあり、干潟の環境が良くなっていることを確認するために、食害を防ぐことでアサリがどのように増えていくかということを見ていくということで、被覆網の設置という対策を行いました。また、被覆網を設置することで特に冬場は波浪の影響が大きいのですが、波浪の影響と、網を設置することでアサリの幼生が定着しやすくなるといったことも考えられて行っています。2008年には、それまでアサリが全く獲れなかったところでも、漁獲可能なサイズ、だいたい3cm以上を漁獲サイズと言っていますが、これらが見られるということになってきました。

　このような干潟の耕耘や、被覆網の設置、そして維持管理としてアサリの間引き、また海草の付いた網の

交換などを経て、2009年には20年ぶりにアサリの漁獲を行うことができました。活動から約6年で干潟の再生ということで、アサリが獲れるようになり、目に見える成果が出たことで関係者の中ではやればできるんだという気持ちが共通して出てきました。

●被覆網の設置でアサリの食害を防止

活動後にモニタリングを行っていますが、その時の一例をいくつか紹介していきたいと思います。2011年のモニタリングの結果では、被覆網を設置したことで

アサリの食害防止につながるということが分かりました。場所や網の目合いによって、アサリの生育に差があるのではないかということで、2007年には9mmの網、2009年には15mmの網というように目合いを変えて設置してデータを取っていっています。また、エリアでそれぞれ番号を付けてアサリの生育状況を見ていっていますが、網の目合や場所によって生育に差があるということが分かりました。目合いの異なる被覆網の設置によるアサリの生育状況を確認するために実施した試験結果によると、15mmの目合いと9mmの目合いでどう差が出るのかということですが、目の細かい網は食害防止の効果は非常に高いが、海草が網に付着することでアサリの減少を招くことも考えられることから、網の管理は欠かすことができず、目が小さい方が管理負担は増加しています。

　そこで、管理負担もより小さくしたいので、15mm目合いも、9mm目合いと同等の効果があるのであればこちらにしたいということもあり、漁業者の使用している網が15mm目合いということで、そうしたものを使い実証試験を2011年に行っています。これまでの試験結果も含めて、山口湾では9mmの目合いが効果的であると結論づけています。

2008年の秋に漁獲サイズのアサリが過密となり、同じ網の中で育っていた稚貝の生育に、突然夏から秋にかけて見えなくなったといったデータがありました。その関係で、一定の間引きを行うことで、稚貝がちゃんと育つのではないかと考えて間引きを行いましたが、このように間引きを行った2009、2010年以降は、一定期間の間引きによって漁獲サイズのアサリが大きく減少するということになってしまいました。現在はまた少しずつ増加傾向、漁獲サイズのアサリが獲れるようになってきてはいますが、間引きは春のイベントとして、引き続き管理手法の検討を行う必要があると考えています。

　春の干潟再生活動の一環で、椹野川の価値を上げようということを行っています。住民参加による活動なので、やはり楽しみも一緒にすることが重要ということで、椹野川の流域で採れた山菜の天ぷらやアユの塩焼き、海の幸として、アサリの味噌汁などをふるまうことで、椹野川の森・川・海の幸を味わいながら活動に取り組んでいます。また、2009年4月からはこれまでの活動の成果として、椹野川の干潟再生活動に参加して頂いたボランティアの皆様と共に味わうことができるようになりました。また、子供限定ですが、2009

年には潮干狩り体験も行っています。かつての天然アサリで潮干狩りの光景というところには遠く及びませんが、里海の再生に向けて一歩一歩ですが進歩しているといった状況と考えて進めています。

2012年からは、市場調査を受けて実施することで干潟のボランティア参加者も増えました。また、参加者も多種多様になってきています。学生等も参加しやすい環境になっていて、2015年度、今年度は230名の参加者がいましたが、その内学生は約50名いました。学校からは市場調査により、活動知名度が高くなり参

加しやすくなったといった声も出て、規模が大きくなっています。この干潟の活動は長く続いてはいますが、流域にお住まいの方やそれ以外の方も含めた様々な人の交流の場として、また干潟に触れ合うことができる貴重な体験の場としても干潟は活用されています。

●カブトガニで自然環境豊かな山口湾の海水維持を確認

　次にカブトガニの幼生調査について紹介します。カブトガニは絶滅危惧種1部に指定されていますが、それは、カブトガニが砂地、干潟、沿岸の環境を必要としている瀬戸内、九州での埋め立てと共に生息地が追いやられていたためだと考えられています。山口湾は本州で代表するカブトガニの生息地で、干潟にいる幼生を調査し、今後の保護活動の基礎資料としています。調査はボランティアを含む約40名程度で実施しており、専門家に記録調査の前にレクチャーを受けて、その後干潟に出て実際のカブトガニを見ながら、調査を進めていっています。2006年から始めて現在も続いています。2006年以降もカブトガニを確認できる数が減少の一歩を辿っていました。ただ、2010年からは増え続けており、今年は過去最高、2カ所の合計ではありますが、1,700個体以上を確認するといった状況に

なっています。カブトガニはきれいな砂地、栄養の富む干潟、そしてきれいな海水等、特殊な環境にしか生息できないことから、引き続きモニタリングを続けていくことで、自然環境豊かな山口湾の海水維持を確認していきたいと考えています。

　次に山口湾のアマモ場の再生状況です。アマモは魚の産卵場になるなど海のゆりかごと呼ばれ、漁場生産には大変重要なものとなっています。山口湾では1950年代は広くアマモが生息していたのですが、約720haあったアマモはその後減少し、1980年には約30haにまで減りました。この状況は2002年まで続きました。

　山口湾ではアサリの漁獲高が減少するという状況で、県の組織の1つである水産研究センターを中心に流域住民と共にアマモの移植や、播種も方法を考えながら、実証試験を重ねていきました。アサリは途中から自然増殖というのが見られるようになり、2005年には150haと回復していきました。現在は南潟での干潟再生活動に重点を置いているということもあり、2010年に確認した状況から、漁協の話によると今もアマモ場は維持されているという状況であるということでした。

●トヨタ自動車と「AQUA SOCIAL FES!!」を実施

　企業連携の話ですが、トヨタ自動車の協賛を得て全国50カ所で「AQUA SOCIAL FES!!」が2012年から開催されています。山口県では椹野川河口域で再生活動を行っています。2012年の第1回は干潟での作業でした。第4回は椹野川の中流でアユの産卵場の調整を「AQUA SOCIAL FES!!」で行い、またその後漁協の話を聞く学習会を行いました。今年も「AQUA SOCIAL FES!!」を行っています。大きな畝を造るという取り組みを実施しました。大きな畝を造った理由ですが、小さな畝と違って山が崩れるのに結構時間がかかる、だいたい干潟の耕耘の畝は1カ月くらいでなくなってしまいます。溝については結構長くて3カ月くらい持ちますが、できるだけ長く持たせようということで大型の畝を造り、その後網を張るということを行いました。その溝はほぼ1年継続されるということになりました。溝を造った理由は、潮が引いた状態の時ここにいるアサリは、海水から出てしまうことになります。アサリは潮が引いた状態でも生きていけますが、海水に浸かっている時は海水の栄養を取り込むことで育っていきます。ただ、潮が引いた状態になると、今度はアサリの体内に蓄えている栄養は、人で言うと

脂肪になりますが、これを消費することで潮がない、海水に浸っていない段階を生きていこうとします。すなわちアサリは痩せていく状況になっています。できるだけアサリを大きく育てたいということもありますので、溝を造ることでできるだけ海水に浸っている時間を長くするということを目的にして、大きな畝にしてみました。

　また、稚貝が付きやすいのはだいたいこうした斜面であるというデータもあり、こうしたものにしております。また被覆網を設置することで、食害防止ということで、この組み合わせになっています。またその他に、海水が浸っている良いところは、特に夏場ですが、干潟が太陽が当たる状態になると、地面の温度が急激に上がっていきます。それもアサリにとっては良くない気温になっており、特に夏場の暑さでアサリが死滅していくというデータもありました。そんな中でできるだけ海水に近付いてもいいのではないかということもあって、このような活動をしています。

　その他、「あさり姫プロジェクト」ということを行っています。1本の太い木の棒を中心に、竹筒を設置しています。この中にみかんネットにアサリを入れた状態でどのくらい大きくなるか、また、生残率ですね、

春に設置して冬になったらどのくらい生きているかといったデータを取る取り組みを行っています。1年前に行った「あさり姫プロジェクト」では、おおよそ70％の生残率がありました。これはすごく高い生残率で、ここの干潟で言うと、網も全く設置していない状況で1年経つとほぼ全滅、今でもほぼ全滅になります。生残率としては0％に近いです。被覆網を設置することで40％くらいの生残率になります。そうした中竹筒の中で育てると70％と非常に高いデータが取れました。

　ただこの年のアサリ姫に関して言うと、欠点もあって、波の影響を受けやすく、バラバラになりやすいといったことがあります。また、竹筒は節がありますが、この節が波の浸食によって壊されて、ここからアサリの食害生物が入り込んでアサリを食べてしまうといったこともありました。生残率70％というのは30％は死んでいるということですが、食害による影響が見られます。竹筒は約1mあり、節を全部くりぬいた状態で埋め込んでいます。埋め込む時は、埋め込むところの土砂も掻き出して、土の上は約1m近く空洞になるというかたちになっています。

●自然保護分野で「プロジェクト未来遺産」に登録

　今年は「AQUA SOCIAL FES!!」を4回連続で行うことができました。特にこの年は大学生などの参加申し込みが非常に多かったこともあり、耕耘作業のあとはアサリのモニタリングを実際に学生にやってもらう授業も行いました。分析業者の方や講師の方を中心に5〜6名の学生をつけて、それぞれの被覆網を設置している場所でアサリがどう成長しているか、数が変化しているのかといったことの計測を行ったり、生物観察会を「AQUA SOCIAL FES!!」で行ったりしました。トヨタ自動車という有名な企業が協賛してくださったということもあり、特に学生を中心に参加しやすいという声もあります。そうした形で活動の輪や、参加者が増え、また若い人が特に増えたほか、「AQUA SOCIAL FES!!」が全国で行われているということもあって、県外からの参加も多く、徐々に参加人数が増えていっています。また、企業連携ということで活動費についてもトヨタ自動車から援助していただいていることもあり、それまでは樋野川の河口域での活動が中心となりつつあったのが、樋野川全体、上流から下流までの取り組みに、活動が広がっていきました。

　この活動が広がっていったことを受けて、2013年12

月に椹野川の森・川・海の取り組みが、日本ユネスコ協会連盟が実施する「プロジェクト未来遺産」に登録されました。分野としては自然保護分野に登録されました。この未来遺産運動というのは、未来に伝承すべき遺産として100年後の子供たちに地域の文化や周辺遺産を伝えることを目的に実施しているもので、2005年から始めて10年になりますが、この活動がユネスコに認められたということになります。また、ユネスコの未来遺産登録を受けて、2014年10月にイベントを行いましたが、この時にユネスコと、ユネスコの公式サ

ポーターである全日空の関係者が実際にフィールドに来て再生活動を体験してくれて、連携の輪が広がっていきました。この時は子供を中心にアサリの大きさを測って数を数えるモニタリングなどを行いました。また、この年は地盤高調整区を造りましたが、台風が来た年で、土砂が少し中に入ってしまったということもありました。そこでアサリをレスキューして地盤の高さを元に戻すという活動も行いました。その他、アユの塩焼きを食べて皆さんで交流を深める、その後、椹野川の上流から下流までの取り組みを知って頂くということで、講演会も開催しました。2002年に始めた頃から特に科学的な調査のデータをもとに行いつつ、流域の住民の方には椹野川の幸と楽しみを一緒に感じながら、椹野川の再生活動が良くなっていくのを1年1年味わっていき、トヨタとの企業連携があったこともあり、一気に活動の幅が広がっていったということです。

●自然の豊かさを体感できることが継続の要因

　今後活動を継続して行くために、必要なことを整理をしてみましたのでご報告します。流域づくりを始めてから13年経過しています。これまで活動を継続してきた要因としては、活動して下さった関係者が頑張っ

たというのがもちろんですけども、その他にこのようなことが考えられます。まず流域づくりという視点で活動するということで、生活に密着した問題が実際にあるのだという認識を持つこと、誰かがやるのではなくて流域住民全体で考えて取り組んでいくという機運になりました。次に、様々な分野の関係者の意見を聞きながら、事業などに盛り込んでいくことで、これまで交流がなかった関係団体と交流が深まったり、ゆるやかなつながりができて、それぞれのキーパーソンとの交流がさらに増していったということが要因としてあります。最後に考えられるのが、活動を行っていく中で目に見える効果、関係者自身も参加者も楽しい活動を行うことで、自然の豊かさを体感できることが活動が継続していっている要因ではないかと思います。

　一方で活動を継続して行くためには、課題もあります。活動をもとにモニタリング結果から見直して新たな活動を進めていくということはとても重要と考え、これまで実施してきているところですが、短期間で効果を研究するというのはとても困難なことです。このため活動を長い間継続していくことで次第にマンネリ化したり、当初の目標をいつの間にか見失っているといったこともあります。また、2002年と今を比べると

活動環境、背景自体が変わっているということもあります。従って科学的な知見をもとに順応的に取り組むということのために、5年や10年といったスパンで活動を強化するということも重要ではないかと考えています。

　椹野川流域での活動では昨年順応的取組促進専門委員会というものを立ち上げました。皆様から評価の見直しが重要ではないかという声があり設立したものですが、これまでの活動に携わっていない専門家、外部からも目線を入れて、現在1つひとつの活動について

自然再生協議会の継続するための課題等①

目指す姿：「人が適度な働きかけ」を継続することで、自然からのあらゆる恵みを持続的に享受できる場

〇活動内容のチェック

■活動のマンネリ化、イベント化
　◇定期的な事業効果の確認
　　（人が適度な働きかけを行うべき活動なのか）
　◇ボランティア参加者の適切な配置

■活動結果の整理
　◇長期的なスパンによる活動結果の評価
　◇目標に対する活動の進捗状況の確認
　◇現状に基づく目標や指標の見直し

➡ 順応的取組促進専門委員会による検証

検証を行っていて、今後の活動にもつなげていきたいと考えています。また、事業費の確保ということもあります。長く継続して活動を実施できる要因の1つに安定した事業費の確保ということがあります。事業内容や規定内の状況によって行政や企業からの支援は一定とはいきませんが、干潟再生活動を着実に進めて魅力ある活動を展開していくことで、大学等の研究機関や様々な企業との連携を模索し、活動を継続していきたいと考えています。

椹野川モデルということで椹野川の話をしています

自然再生協議会の継続するための課題等②

○事業費の確保

■行政財政難による事業費の減少
 ◇各主体による民間企業との連携
 ◇行政間での連携（環境、水産等との連携）
 ◇大学や、研究機関との連携により調査を継続

○活動の衰退化、継続していくには？

■活動者の固定化、高齢化
 ◇小さくても成果が見られる取組の継続
 ◇積極的な広報・情報開示
 ◇より幅広に住民が参加できるイベント等の実施
 　（例：アサリの潮干狩りできる場、環境学習の場）
 ◇関係団体の積極的な交流を促進

➡ 流域住民によるワークショップの実施(予定)

が、山口県ではこのモデルをもとに他の2つの2級河川にも活動場所を広げています。それぞれの流域の文化に応じて行うことを考え、何を目指すかということを考えながら行っています。どうしても事業費の話が出てきますが、特に同じ活動を長く続けていくものに一定の金額を出すというのはほぼ不可能という状況になっています。もちろん事業費を出すことはできますが、それに対してはこうした活動に対して3年後5年後にはこうした状況にして行くために活動を進めていきます、という計画を立てて、お金を取りに行きます。いつまでも行政が、というわけには到底いきません。また、企業は企業で社会経済の影響もあって、一定とはいきません。そうしたことも考えて椹野川ではいろいろな企業と連携しながら進めていきます。

● **話し合って活動を共にすることで未来へつなぐ**

最も大きな要因として、どこでも聞かれる話ではありますが、主たる活動者の固定化、その方たちの高齢化問題があります。椹野川も実はこの問題に直面しています。活動を始めた時は皆さん若かったのですが、この活動も13年経っています。大学の先生も若い先生が当時取り組んでいましたが、今は教授となって、

なかなか自由に動けなかったりします。また漁業者や森林組合の方達も高齢化していて、主体的に「AQUA SOCIAL FES!!」を開催してくださっている団体があるのですが、その団体の方は80代後半の年齢という状況になっています。

　加えて、この椹野川の取り組みは、終わりのない活動です。持続的に活動していくことで、永遠に自然からの恵みを受けていこうという取り組みをしています。そうした中で、答えは出ていない中で椹野川のことを模索しながら取り組んでいますが、椹野川流域では現在、干潟再生の指標としてアサリを軸に子供たちに興味を持ってもらえるような環境学習や、漁協、森林それぞれ人が減ってきている、高齢化してきている中で、市民の方にもより多く海の活動に参加してもらえるような施策を模索しています。交流を活発にして行くための取り組みということで、今はアサリ姫プロジェクトなどを進めています。息の長い活動を産学官民で取り組むことを目指しています。そしてそこから広がるゆるやかなつながりを通して流域住民が森・里・川・海という共有財産への関わり方を考え、ともに協力して自然を取り戻していくことが必要ではないかと考えています。そして、関係者が取り組みをする

には話し合って活動を共にしてこそ、未来へ自然をつないでいくことができるのではないかと考えています。

　みなさんもこれから仕事を持って生活をしていくこととなります。生活していく場において、様々なつながりができていきます。いろいろな選択肢がこれからあると思いますが、地域に様々な分野から関わっていくことができる取り組みがあると思いますので、積極的に参加していただきたいと思っています。

全国環境自治体駅伝 　第44走者　2015年12月9日

「福井県の自然環境政策『自然と共生する福井の社会づくり』」

福井県安全環境部自然環境課自然環境保全グループ主任（グループリーダー、当時）
西垣　正男

　福井は山、川、海、湖など豊かな自然環境に恵まれ、古来より豊富な水、海産物など様々な自然の恵みを享受してきました。近年自然環境の改変が進み、人と自然とのかかわりが薄れる中、コウノトリの放鳥やラムサール条約登録湿地「三方五湖」の自然再生を例に、人と自然との共生に向けた福井県の自然環境施策が紹介されました。

●故郷に愛着が持てるような環境教育に取り組む

　今日は自然と共生する福井の社会づくりという事で話をさせていただきます。自分の故郷に愛着を持てるような教育、環境教育に取り組んでいる県です。多分みなさんの中には福井県がどこにあるか知らない人もいるかもしれません。日本列島のちょうど真ん中、日本海側にあるのですが、石川県、岐阜県、滋賀県、京都府が隣接しています。嶺北と呼ばれる石川、岐阜と隣接している地域と、嶺南と呼ばれる滋賀と京都府と隣接している地域があり、木の芽峠という峠を境に環

西垣正男氏

境が全く違います。南は関西圏で言葉も関西弁です。北の方は山間部なので言葉がバラバラで、結構訛りの強い地域もあります。人口は80万人です。とても小さな県で、全国で3番目に小さい人口です。

　県の面積が4,200km²でこれは全国で34番目の大きさです。ほとんどが森林で、県の約3分の2、75%は山です。そんなに高い山はないのですが、本当に山国です。海岸線は415kmということで結構海にも面していて、たくさんの魚が取れます。本当に四季がはっきりしています。特に嶺南の京都などに近い所は、リアス式海

岸で山が迫っていて、すぐ目の前に海があって、山あり海あり里山ありと、狭い所にぎゅっと凝縮されているような地域です。青葉山という京都との県境にある山のふもとにある和田海岸は、とても水質が良くて気持ちの良い海です。標高が2,000mほどあるのですが、秋は紅葉がとってもきれいです。冬はものすごく雪が降ります。福井県は冬はずっと雪です。17市町村のうちの半分以上が、積雪50cmが50日以上続きます。

　雨も多くて、年間の降水量が非常に多い県です。福井の井は井戸の井で、福井県の名前の語源は水の豊かさに由来すると言われています。降水量は全国で3番目に多くて、全県で170ヵ所程度湧水が出ています。県では飲み水として整備されている湧水、井戸水を調査して、特に魅力的な県外に売れるような場所を34ヵ所ピックアップしてパンフレットにもしています。例えば若狭町の瓜割の滝というのがありますが、夏でも冷たい水が湧き出ていて、瓜が割れるほど冷たいという事で瓜割の滝と名付けられています。販売もしています。嶺北では大野市に本願清水というのがあります。ここは城下町でとてもきれいな町なのですが、盆地ですり鉢状になっています。雨が降るとその雨が地下水や表層水、川の水となってその盆地状の底に溜まりま

す。それが湧水となります。北陸、福井では湧水、わき水の事を清水というのですが、本願寺のお寺があり本願清水と呼ばれています。

　お米の品種のコシヒカリは皆さんご存知だと思いますが、これは福井県生まれです。非常に旨みや香りが強くて、モチモチした感じで、とってもおいしいです。福井県は農業県でたくさんお米を作っているのですが、その約6割がコシヒカリです。県が小さくて盆地面積が大きくないので、生産量そのものは全国でもそんなに多くないのですが、コシヒカリが福井県では盛んに生産されています。水とお米とくるとお酒だと思いますが、お酒も非常に盛んに作られています。地酒がとても盛んで、17市町のうちの13市町にお酒を作っている蔵元があり、主な名酒だけでざっと71銘柄あります。海産物も、漁獲量は全国でもそんなに上の方ではありませんが、たくさんの種類が獲れます。特に有名なのがズワイガニです。越前ガニと呼ばれているもので、カニが取れる場所と猟場と漁港が非常に距離が近くて、非常に新鮮なカニが水揚げされます。

●五感を使って学ぶことがスタート

　私は初めての勤務地は自然保護センターでした。岐

阜に近い山奥にあり、福井県全体の山や自然の展示、また観察会なども行っており、ここに3年ほど勤務していました。展示では多くの生き物を紹介したり、絶滅危惧種のレッドデータの生き物なども展示して、みなさんになぜ生き物が減っているのかということを紹介したりしています。自然保護センターでは自然体験として、私が直接子供たちにいろいろなことを教えたり、あるいは先生や家族と一緒に自然を体験してもらう取り組みを行っていました。ボランティアの人に手伝ってもらっていて、若い人にも講師になって子供た

福井の多様な自然の景観

四季が明瞭で、狭いエリア内に多様なタイプの生態系が見られる福井は里山里海湖の景観のショーケース
These various ecosystems are scattered in a mosaic across narrow Fukui Prefecture with distinct seasons, a veritable showcase of Japan's SEPLS.

ちの相手をしてもらったりしています。自然体験が少ないと言われる今の子供たちに自然の楽しさなどを伝えるということと、自然と人の関わりといったものを伝えています。例えば春は山菜を天ぷらにして食べさせるとか、そうしたことによって自然の恵みを体感することができると思うので、とにかく五感を使って自然を感じ学ぶことがスタートかと思います。それは大人でも一緒だと思います。

　その後海の方の施設に移り、今度は海の自然を伝えるような事をしていました。海浜自然センターというのが若狭町にあるのですが、若狭湾のすぐほとりにあり、大きな水槽で地元の魚が展示してあります。この地元の魚が展示してあるすぐ横に、おいしい魚や食べ方などが展示してあります。人と自然というのは単に見るだけじゃなくて、味わったりすることによって、すごく距離が縮まり関係性が深まるということを示しています。海浜自然センターではスノーケリングもできます。この海浜自然センターがある近くの海は海中自然公園に指定されていて、とっても透明度が高いです。しかも沖の方に暖流と寒流がちょうど交わるようなところがあり、北方系と南方系の魚が同所的に見られる場所でもあります。

●里山は希少生物の宝庫

　今日みなさんにお伝えしたい社会づくりのテーマが里山です。都会、町の中だと里山は写真などでしか知らないかもしれませんが、普通に日本中あちこちにある景色だと思います。山があって小川があって田んぼがあって集落があってという、普通の景観です。福井県の真ん中あたりとなる越前市の白山・坂口地区は、日本の里100選というのに選ばれています。とても景観が美しいという理由で選ばれたということもあるのですが、実はここは生き物の宝庫なのです。例えば今絶滅危惧種と言われるメダカがいます。それからハッチョウトンボという小さな赤トンボが住んでいます。これも絶滅危惧種です。それから赤ガエルや、アベサンショウウオというとても貴重な、福井と京都の一部、石川にしかいないという、貴重な絶滅の恐れの非常に高いサンショウウオなどもいます。なぜこんなたくさん生き物がいるのかということですが、実は田んぼがあるから生き物がたくさんいるのです。田んぼの環境と生き物が生息する環境というのが、うまくマッチングしているのです。

　シュレーゲルアオガエルをみなさん知っていますか。モリアオガエルなら聞いたことがあると思います

が、それと似た仲間です。田んぼのあぜに、白い泡状の卵を産み付けます。春に産み付けるのですが、この頃に農家の方が田んぼに水を入れるためにあぜを粘土質の泥で固めます。水が漏れないように土壁を作ります。ちょうどその頃に山からアオガエルが降りてきて、卵を産み付けるのです。その後1週間位で卵からオタマジャクシに変わるのですが、雨が降ると泡が溶けて田んぼの中にオタマジャクシが泳ぎ出します。田んぼはたくさんの有機物が泥の中にあって、植物プランクトンや動物プランクトンなどがたくさん湧きます。おたまじゃくしはそれを食べて大きくなります。オタマジャクシは水の中でしか生きられませんが、変態して大人のカエルになると肺呼吸して陸に上がります。夏に陸に上がりますが、この頃にちょうど田んぼの稲が成長して水を抜くのです。中干しというのですが、ちょうどその頃にはカエルは大人になって山に帰っていくのです。また春になったら戻ってくるという暮らしをしているのですが、ちょうど農業の稲作のサイクルとカエルの暮らしはぴたりと合っているのです。

　他のトンボやサンショウウオなども同じように田んぼと止水の水域と山がセットになって存在することによって、生き続けることができるのです。越前市の白

山・坂口は本当に山の奥の方まできれいに手入れが行き届いているのです。農家の方は一生懸命田んぼを整備しています。ところが全国的に言われているのは、この田んぼ環境がどんどんなくなるということです。過疎化や高齢化が進んで田んぼを放棄するということが起こっています。福井市、敦賀市の池河内という集落では、1997年当時は一生懸命田んぼを営まれていました。5つほど集落があるのですが、イノシシにやられないようにトタン板で囲って田んぼを一生懸命されていました。それがもう田んぼはできないということで、放棄されたのです。10年後にはもう陸地になって木が生えてしまっています。だんだん乾燥化が進んで、こうなるとトンボやサンショウウオなど、水辺で暮らす生き物は住めなくなってしまいます。このように田んぼに生きている生き物はどんどん今住む場所がなくなっているという状況が起こっています。

　平野部の方はどうなっているかというと、今TPPなどの問題で、海外からたくさん食べ物が安くて入ってきています。それに対抗するためには安くて労力をかけずにたくさんのお米を生産する必要があります。そのために機械が入るように大きくほ場を整備して、草刈りをしなくてもいいようにコンクリートの畔にして

しまい、水路は水路で別にきれいに作るということを行っています。そうすると先程のカエルなどは、卵を産みたくてもコンクリートで産めません。メダカなどもそうですが、田んぼに水が中干しでない状態でも、田んぼと水路がつながっていることによって逃げることができるのです。ところが完全に分断されてしまうと逃げることができないので、メダカなどは干上がってしまいます。ということで町の平野部の田んぼも、もう生き物が住めない状態になっています。

　トノサマガエルは福井県にも普通にいたのですが、今国の絶滅危惧のリストに載っています。トノサマガエルは手に吸盤がありません。コンクリートの切り立った垂直の壁は昇れないのです。移動できなくて死んでしまうということになります。福井県も昔トノサマガエルの分布調査をしたことがあるのですが、コンクリートのこの三面張りの水路になっているところはトノサマガエルがいなくなっています。ということで田んぼ環境の生き物というのは今どんどん絶滅している状態にあります。

●絶滅危惧種のリストを作り調査

　県で絶滅危惧のリスト、レッドデータリストという

のを作っていて、2000年と2002年に調査をしています。その時の調査で、水草が絶滅の恐れがあるということでランクインしています。私は植物はあまり詳しくないのですが、おおよそ2,500種類位福井県にはあり、そのうちの100種位が田んぼ環境に生息、生育しています。決して割合的には多くないのですが、田んぼ環境に生息している水草も、実に55％が絶滅の恐れがあると言われています。昔はこれらは害草、水田雑草と呼ばれて害草だったのです。お米の生育を邪魔するということで、除草剤などを使って駆除されていたものです。害草と言われるぐらいなので普通にあったのでしょうが、今やこれをどうしたら守れるかということを考えなければならない状況になっています。

　動物も同じです。動物も水田環境に住むものが激減しています。例えば大型のカタツムリ、私の子供の頃はよく見たのですが、最近本当に福井県でも少なくなって絶滅危惧種になっています。全国的にもそうなのですが、どんどん田んぼ環境がなくなりつつあります。中山間地域の田んぼは放棄水田になって、イノシシなどの住処になって、どんどん里の方に下りてくるという状況が起こっています。イノシシが増えると、近くで田んぼをしていた人たちが、イノシシの被害を受け

ることによって営業意欲をなくしてしまいます。もうこんなところに住んでいても仕方ないと、集落を離れてしまいます。イノシシなどの動物が増えることによって過疎化に拍車がかかって、過疎化が進むとさらに動物が住みやすい環境が生まれます。農水省の統計でも耕作放棄が増えています。都会、町の平野部ではコンクリートによって生き物がいなくなり、山間部では耕作放棄地の増加によって生き物がいなくなるということで、どうしたら生き物を絶滅の危機から助けることができるかというのが大きな課題になっています。

●「守り伝えたい福井の里山30選」を選定

　福井県では特に絶滅危惧種が多い地域をプロットして、30地域を「守り伝えたい福井の里山30選」として選定しました。2003年でもう10年以上前の話ですが、30選を選ぶだけでは絶滅危惧種は守られないということで、最近はとにかくモデル地域を作ろうということで、北潟湖、六呂師高原、白山・坂口地区など5つを、生き物と人とが共生できるホットエリアというモデル地域にして、どうしたら生き物が守られるかいうことを今行政と地域の人たちとで進めています。

　この5つの地域の特徴、生物学的な特徴や地域の背

景、そうしたものを調べて何が売りになるかということをまず選び出します。あるいは何が問題になっているかを選び出します。そしてその地域の特性にあった保全再生活動を支援するということで進めています。単に生き物が守れたらそれでいいと訳ではなくて、その成果としては地域の農林水産業の振興に役立つ、あるいは生き物が増えることによってエコツーリズム、観光などにもつなげられるような仕組み作りが重要だということで進めています。そうしなければ次世代につながっていかないということで、観光や農林水産業の振興を計画として目指しています。具体的には地域の人たちと市町、行政の一番その地域との接点が高い市町とでいろいろな取り組みを進めて、それに対して県が様々な支援をするということを行っています。それによって自然再生が行われたり、環境教育が行われたり、後継者の育成が行われたりということを考えました。

　その5つの生き物共生ホットエリアのうちの一つに三方五湖というのがあり、ここは福井県の若狭町にあるのですが、三方湖、水月湖、菅湖、久々子湖、日向湖の5つの湖からなっていて、三方湖は淡水湖です。水月湖と菅湖は少し塩が混じっている汽水湖と呼ばれ

るものです。久々子湖はもう少し塩分の濃い汽水湖です。日向湖は塩水湖です。海と直結していて、塩分濃度がほとんど海と同じです。日向湖は蓄養といって、海で獲った魚をここで一時養殖してそれを出荷したりしています。それ以外のところは海の魚ではなくて淡水魚、湖や川に住む魚がその塩分濃度に応じて住んでいて、それを漁業者が、獲って売ったりということも行われています。ここは非常に自然度が高くて、2005年にはラムサール条約で湿地に登録されています。

　ラムサール条約は水鳥や貴重な生き物が生息している湖を、単に守るだけでなく、有効に賢く使っていきましょうということを行っている、そういう湖を条約で登録して、みんなで情報交換しながら守っていきましょう、というものです。国定公園にも指定されているし、文化財保護法で名勝指定も受けています。この湖はいろいろな貴重な生き物が住んでいます。ハスやイチモンジなどは、日本海側ではもうこの地域にしかいないものでとても貴重な魚です。鳥類も水鳥を中心にミサゴという猛禽類や、オジロワシ、オオワシ、オオハクチョウ、コハクチョウなどもいます。福井県でも最大の水鳥の越冬地になっています。ここは縄文時

代、1万年以上前から人が暮らしていて遺跡が残って出てきます。魚なども食べていたというのが貝塚から出てきます。今でもたたき網漁というとても珍しい漁法が残っていて、冬に湖面をたたいてコイやフナを網で捕まえるということを行っています。ウナギ、モロコ、手長エビ、シジミなども獲れます。そうした恵みを頂きながら、エコツアーなども行っています。

●生き物が激減し漁業も大きな打撃

　こうした豊かな自然が、生き物がどんどん減っている状態にあります。ここは大雨が降ると水があふれて、周辺の集落が水浸しになったりします。そのために、水辺をきちんとコンクリートで固めて水が田んぼや集落の中に入ってこないようにしています。田んぼも湖面と田んぼのレベルがだいたい同じぐらいだったので、雨が降ると田んぼの中に水が入り込みます。お米の生産性が非常に悪くなるので、きれいに全面に土を入れて高さを上げて、水路をきちんと掘って分けて、雨が降っても田んぼに湖の水が入らないようにしています。以前は湖から流れ込んだ水路が雨が降ると田んぼとつながるので、生き物が魚が田んぼに入り込み、田んぼで産卵して稚魚がまた湖に戻るということで、

湖の周辺の田んぼは魚の非常に重要な産卵場所になっていました。今は分断化されているので、魚の産卵場所が減っています。加えてブラックバスやブルーギルといった魚が入ってきて、手長エビなどを食べてしまうのです。ということで今、湖の生き物が激減している状態になってきています。生き物が住める環境も激減しています。それによって内水面漁業も大きな打撃を受けて、漁業者がどんどん減っています。漁業者が減ると当然漁獲量も減っていきます。

　地域の人たちが三方五湖の恵みを食べる機会もどんどん減っています。昨年若狭町で地元の人たち幅広い世代に地元の魚や漁獲物を食べたことがあるかをアンケートしたところ、60代、70代、80代の人はほとんど食べたことがあるというのですが、20代以下の人たちは半分くらいしか食べたことがないと、もう湖が身近なものではなくて遠い存在になってしまって、関わりがなくなってしまっているという状況になっています。

　三方五湖の問題をどう解決しようかということで、ポイントが2つあります。まず湖がどういう状態になっているかを科学的に調べる必要があります。どれぐらい減っているのか、それから何が問題なのかという

ことを科学的な知見で調べることがまず重要になってきます。それから今悪くなっているということをみなさんの共通認識として理解する必要があります。だんだん湖との距離が遠くなって、湖を生活の一部として考えない人がほとんどになってきた場合に、湖がどうなってもいいと思う人が非常に多くなってくるのです。そんな中で今湖は非常に危機的な状態になっている、生き物がいなくなって大切な自然が失われているという認識を共有する必要があるというのがまず一点です。

　また、いろいろな問題、例えば大雨が降って洪水になるのを防ぐために護岸を整備しないとだめだとか、水産業の観点で生き物が減っているのをどうするか、生活排水の影響で水質が悪くなる、などさまざまな問題がありますが、それをみなさんがばらばらに、行政は行政で、農業者は農業者で、漁業者は漁業者で考えたり行動しても解決は難しいです。解決策は結局湖でつながっているので、みなさんで課題を出し合ってどうしたら良くなるかということを話し合う場が必要だというのが2点目です。三方五湖の環境問題を解決する糸口になるということで、この2点で対策が進んでいます。

●三方五湖自然再生協議会を発足

　様々な人が集まって話し合う場を設ける、これは行政が主導で行っていますが、幸運なことに東京大学の研究チームが地元の県立大学や県の研究機関と一緒になって、どういう状態になっているのかや、それを解決するにはどうしたらいいのかということを、調査して整理していただきました。こうした話し合いの場や科学的知見をもとに、2011年に「三方五湖自然再生協議会」を立ち上げました。自然再生推進法という法律があって、地域の自然を守るために今どうしたらいいかということを支援してくれる法律なんですが、これに則って協議会を作ると、国の財政的な支援を受けられたり、あるいは専門家を派遣してもらったりすることができます。協議会を立ち上げて構想を練り、その翌年には構想を実現するための具体的な自主計画をつくりました。この自主計画を作るときには、年間10回以上の会合を開いて話し合いを行いました。エコツーリズムができるといい、ハクチョウを呼び戻すことができる田んぼを作りたい、農薬を減らすようなことができるといい、子供たちの遊び場になる水場ができるといいなど、地域の人たち皆さんの思いを集めて絵にかきました。

全体目標としては「自然と人のつながりを取り戻す・再生する」ということです。昔は湖で泳いだ、湖の魚を取って食べたといったつながりがあったのを、もう一度取り戻そうということで、3つのテーマと20の目標を作りました。水鳥がたくさんいる水辺を作りましょうということで、例えば湖と田んぼの生き物の行き来ができるような繋がりを取り戻す、水鳥がたくさん舞うような環境を作ろう、外来生物が少ない水辺を作ろうなどといったことを掲げています。また、自然を生かした地域の賑わいを再生しようということで、三方五湖を介した魚介類・農作物などのブランド商品を作ろうなど、20の目標を作りました。多岐に渡っているので部会を7つ作りました。

　例えば田んぼと湖のつながりを再生するにはどうしたらいいかということで、部屋の中で話しをしたり現場に実際出かけて行って大学の先生たちと一緒に現場に出向いたり、実習したりということを繰り返しました。田んぼと水路が完全に分断されているようなところでは、水田魚道と名付けて、これは三方湖につながっているのですが、魚がこの魚道を通って田んぼに上がって産卵して、稚魚が湖に帰るというようなものを作りました。これを三方湖で16個作りました。あるい

は金属製のリボンのようなものを湖に浸けておいて、コイがそこで産卵するのですが、それを田んぼに持ってきて田んぼでふ化させて、田んぼで少し大きくなった稚魚をまた湖に戻すというようなことで自然再生を進めています。

　内水面漁業はコイやフナを収穫するので、一定量放流する必要があるのです。三方湖以外のところから買ってきて放流していたのを、地元の魚を増やすことによって、よそから持ち込まれる魚の量を減らそうということも今やっています。水田魚道を16隻しているのですが、よく上がってくる魚道とあまり上がらない魚道があるのはなぜかということを見ると、例えば農業者が魚道に流れる水の量を調整していなかったなどいろいろ問題がありました。また農業者などにお返しして、できるだけ水田魚道を使って魚を増やせるような取り組みも行っています。その成果ですが、コイを田んぼで養殖したのですが、年間で4,500匹くらい生産できました。これは2013年ですが、今はもっと増えています。

　また三方五湖周辺で、冬場に水を田んぼに張るとハクチョウがやってきます。2005年までは三方湖にハクチョウは来なかったのですが、水張りをすることによ

って今はハクチョウがずっと一冬三方湖にいてくれるというような自然再生ができました。また、外来種の駆除ということで、ブルーギルだと10トンを超えるような駆除を漁協や地元の自然再生の団体などが行っています。県立大学の先生が一昨年ブルーギルの背中に発信機を付けて、三方湖の中のどこで産卵してるか、どこで冬場越冬しているかというのを突き止めて、そこで集中的に捕獲するというような手法も編み出されて、今年そのマニュアルができる予定です。シジミについても地元のブランド品として、もっと生産量を上げたいということで、県立大の先生なども入っていただいて水質調査もしてもらったり、県の方で浅場造成をしたりして、シジミの住める環境を作るということを行ってきました。その結果生息率、密度は2009年度が50㎡当たり546個だったものが2倍に増えています。水月湖も約10倍に密度が増えています。生産量も年々増え、2011年は6.2トンだったのですが、今はもっと増えています。ということで自然再生がんどん動き始めているという状況にあります。

●協議会の主役は地域

このほか、環境教育部会というのがあり、これはお

じいちゃん、おばあちゃんから、昔の三方五湖の様子を子供たちが聞き取ってそれを絵にするとていうことを行っています。三方五湖がある美浜町と若狭町の全小学校の子供たちに絵をかいてもらいます。家に帰っておじいちゃん、おばあちゃんに、昔湖でどんな遊びしたとかどんなだったかと聞いて、それを絵にするのです。それによって昔どういう三方五湖だったかということが絵として分かるわけです。同時に子供たちはおじいちゃん、おばあちゃんから昔の環境を聞き取ることでコミュニケーションが生まれるのです。それが価値観の伝承であったり、文化や考え方の伝承につながるということで、これはずっとこの三方湖自然再生協議会では続けています。

　ということでこの協議会では、主役は地域なのです。地域の住民や公民館・学校・農林業者、そういった人たちが主役です。そういった人たちが地域の問題として環境学習をする必要がある、人材を育成する必要がある、自然環境の保全をする必要があるといったことを話し合って実現していくのです。そのための応援として行政がいろいろな支援をするわけです。決して行政が主導するのではなく、地域のことは地域が解決するという仕組みを作っています。行政ができることは、

例えば経済的な支援です。補助金など、あるいは経済以外のものでは情報提供、あるいは研究機関や民間企業の斡旋などもできます。みなさん環境に関心があると思いますが、どんな立場になっても参加することはできます。例えば民間企業に行かれたら、企業という立場で自然再生に参加することができます。こうした協議会があるなら、地域住民の主役として参加することもできます。行政に入れば行政として応援することができます。ですからぜひ自然再生に興味があるならば、どんな立場ででも参加可能ですので、ぜひみなさんと一緒に、自然再生を進めることができたらと思います。

●コウノトリが住める環境づくり

もう1つ紹介したかったのが、コウノトリの放鳥を福井県は行っています。コウノトリは水田生態系の頂点に立つ肉食性の鳥です。1日に体重の1割約500gぐらいのドジョウやカエルを食べるのです。田んぼにたくさんの生き物がいないとコウノトリは住めません。福井県はこのコウノトリが住める環境を作ろうということで、飼育繁殖そして放鳥事業を行っています。コウノトリは翼を広げると2m程になる鳥です。非常にき

れいな鳥で見栄えがします。こうした美しい鳥が戻ってきてほしいというのは、みなさんの共感を呼びます。しかもコウノトリは農薬を減らした田んぼなど、生き物豊かな田んぼに生息する鳥なので、そこで採れたお米がとても安全で安心なお米ということで、付加価値米ともなります。これをシンボルとして、自然再生を目指しているのが、越前市の白山・坂口地区です。背中に発信機を付けて追いかけているのですが、10月3日に放鳥したものが、今宮城県の美里町と愛知県の知多半島にいます。地元の人は帰ってきてほしいと望んでいるのですが、コウノトリが住める環境づくりを地元の人が県と共に一生懸命取り組んでいます。ものすごく地域が盛り上がっています。

●3つの教育実践が柱

　最後のまとめですが、今県では地域をいかに元気にして生き物を守るかということを主眼に置いています。里山里海湖研究所を2013年に作りました。ここには13人ほどのスタッフがいて、所長が進士五十八さんという大日本農会の副会長をされた人で、専門は造園学の先生です。この先生が所長になって、4つの多様性を育むことを掲げました。生物多様性というのは生

き物の賑わいです。これは今言われている絶滅しそうな生き物、減った生き物を増やしましょうということに取り組みますが、一方で生き物を増やすと言ってもまずは人の暮らしが絶対大事なわけです。ですから生活の多様性、農村がある、漁村がある、町がある、中山間地域の村もその地域ごとの個性があるので、その個性を大切にしようということを進めています。また、経済の多様性といって、その地域で生産されるものを地域で消費する地産地消を推進しています。そして、景観の多様性ということで日本には美しい風景がたくさんあります。その景観の多様性は地域の人の暮らしと共に作られてきたものでもあります。そうした暮らしの多様性を守ることを進めています。

　それらを実現するためにこの研究所では3つの研究教育実践を柱にしています。研究は単なる学問だけではなく、実学研究です。単に面白いから自分の象牙の塔に閉じこもって好きなことをやるのではなく、世の中や地域のために役立つ研究を行うことを方針としています。もう1つは教育です。特に進士先生が言われるのは感性を育むということです。ただ頭で考えるのではなくて自然の中に入って五感を使って自然を感じる、考える、そういうことが大切だとしています。リ

ーダーと一緒に子供たちがいろいろな体験をするという事をモットーにしています。最後に実践です。地域が取り組む様々な活動に対して、必要な情報を提供したりして支援するという、この3つの活動方針で取り組んでいます。

　研究分野は環境考古学、保全生態学、里山の文化などです。福井県は非常に美しい里山風景が広がっています。これは人が作り出したものです。きれいな水が守られています。これも人が守っているものです。非常に貴重な生き物が住んでいます。これも人の営みがあってこそ守られるものです。豊かな自然を守って、私たちは暮らしを守るということを大切にしています。

　今中山間地域と呼ばれる山の集落はどんどん過疎化が進んで、若者は働く場所がないので都会にどんどん出ていきます。80代のおじいちゃん、おばあちゃんだけの集落もいくつもあります。ですが元気なのです。こうしたおじいちゃん、おばあちゃんは、たくさんの生きる知恵を持っているのです。このおじいちゃん、おばあちゃんが、子供たちに昔はこうして遊んだよ、こういうことが生きる知恵なのだよということを、いろいろな行事を通じて伝えています。それによっておじいちゃんおばあちゃんと子供孫の世代にもつながり

が生まれますし、文化も継承されていくわけです。こうして人のつながりを大切にして故郷の自然文化を守り伝えるということが大事だと考えています。子供たちが大人になって都会に出ても、何か困ったら自分の故郷に戻って、そこを自分の生きる基盤にしようという教育を、福井県では進めているところです。

全国環境自治体駅伝 　第45走者　2016年6月8日

「岩手県の環境政策〜みんなの力で次代へ引き継ぐいわての『ゆたかさ』」

岩手県環境生活部環境生活企画室企画課長（当時）

黒田　農

　日本で2番目に大きな都道府県である岩手県は、雄大な自然に恵まれています。過去の大きな環境問題であった「旧松尾鉱山抗排水による北上川の汚染」と「青森県との県境における大規模不法投棄事案」についての説明がありました。また、岩手県の環境政策全般についても紹介されました。

●東日本大震災時の津波で甚大な被害

　岩に手と書いて岩手なのですが、不思議な名前の由来を簡単にご紹介します。その昔、山が噴火した時に巨石が飛んできてドンドンドンと3つ落ち、人々の信仰対象になったと言われています。そこが神社になったのですが、鬼が悪さをした時に神様に懲らしめられて、もうやりませんという証拠に岩に手形を押した、というところから岩手という名前がついたと言われています。

　さて、岩手県は、県では一番大きくて関東圏の主要の4都県より大きく、四国全体よりは少し小さいという感じです。国土面積の約4％を占めていますが、そのほとんどが山林です。遠野物語には北上山地の早池峰山が出ていますし、秋田県境も奥羽山脈で山になっています。また、沿岸の海岸線の真ん中あたりに宮古市があるのですが、ここより北側は切り立った断崖絶壁のような場所になっています。いわゆる隆起した海岸です。逆に南側はリアス式海岸です。入り組んだ入り江が特徴です。5年前に東日本大震災があったのですが、宮古より南側は海岸が入り組んだ形になっているので、津波が奥まで押し寄せてきて、被害が甚大になってしまいました。

黒田 農氏

　実は私自身は、東日本大震災当時は釜石市にある保健所で勤めていました。当時地震が来て本当にすごく揺れました。ちょうど旅館の営業指導をしていた時だったので、指導現場から職場に戻らなければいけないと思って急いで駐車場に行ったら、駐車場の車が上下に弾んでいるのです。揺れている車の鍵を開けて乗りこんでみたいな感じでした。揺れが長くて怖いと思っているうちに津波警報が発令され、サイレンが鳴る中で、地域に縦貫道という高速道路のような道が走っているのですが、それに何とか逃げて乗ることができま

した。津波が押し寄せてきて、もう下に降りられなくなってしまい、山の中腹の道路で津波が川を逆流していくのを見て大変なことになったと思いました。車などがどんどん川の逆流に乗って川上に遡上していく様子は今でも忘れることができません。

●過去に大きな環境問題

さて、岩手県は過去にかなり大きい環境問題がありまして、1つ目は松尾鉱山から出る坑廃水による河川の汚染です。岩手山の中腹あたりに八幡平（はちまん

旧松尾鉱山の位置

岩手県北部の岩手町御堂に源を発し、北上高地と奥羽山脈をほぼ南下、宮城県追波湾で太平洋に注ぐ東北地方第一の長さをもつ北上川。

旧松尾鉱山は、北上川の支流の一つである赤川の上流、八幡平の中腹にあり、海抜およそ1,000mの高所に位置していました。

旧松尾鉱山は、明治15年に硫黄鉱床の大露頭が発見され、明治34年に開発に着手し、大正3年に松尾鉱業株式会社が設立されて本格的に操業が開始されました。

以降、昭和47年に閉山するまで、約60年にわたり、およそ2,900万トンの硫黄・硫化鉄鉱鉱石を出鉱し、1,000万トンの硫酸原料と210万トンの硫黄を生産しました。

たい）という国立公園になっているところがあります。その隣接地に松尾鉱山があります。戦前はここから硫黄が採れるということで、国策として鉱山をどんどん広げたのです。硫黄は繊維、薬品、農薬などいろいろな物に使うのですが、火薬の原料にも使われたのです。戦争には武器が必要で、武器には当然火薬が必要です。そうした需要などで鉱山が発達していきました。例えば岩手県の釜石市には鉄鉱山があります。当然、鉄は武器に使う原料になりますし、いろいろな建築などにも使われるので重要なのです。ですから、戦前はそう

旧松尾鉱山の坑廃水

旧松尾鉱の坑廃水は、pH2程度の強酸性水で、鉄を多く含み、有害成分であるヒ素等も含んでいます。
水量は、現在およそ19トン／分で、全国で同じように有害な坑廃水が流出している鉱山のなかで最も多い水量です。

強酸性の坑廃水で腐食した鉄筋コンクリート側溝

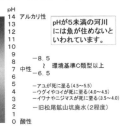

pHが5未満の河川には魚が住めないといわれています。

pH
14 アルカリ性
13
12
11
10
9
8   －8.5
7   ～   環境基準C類型以上
6 中性 －6.5
5
4   －アユが死に至る (4.5〜5.5)
3   －ウグイやコイが死に至る (4.0〜4.5)
2   －イワナやニジマスが死に至る (3.5〜4.0)
1   －旧松尾鉱山坑廃水 (2程度)
0 酸性

した様々な資源を国自体がコントロールするというのは非常に重要な政策だった訳です。岩手県にはそういうことで松尾鉱山や釜石鉱山などがあるのです。

　昭和30年代には、松尾鉱山に当時としては非常に珍しい鉄筋コンクリートにセントラルヒーティングを入れたビルが建っている町ができていました。この鉱山の高さが約1,000m。六甲山は930mだそうですから、六甲山よりも高いところに家族も含めると1万5千〜1万6千人の人達が住むビルが建ち並ぶ町があった訳です。当時それを「雲の上の楽園」と呼んだそうです。トップスターをこの場所まで呼んできて、コンサートを開けるくらいお金もあったということです。

　ところが戦後になりだんだん産業構造改革や技術改革が進んで、重油から硫黄分を取り除くことができるようになってくる、とそれが安価に使えるようになってきて、鉱山で掘らなくても硫黄を手にできるようになったのです。それで、あっという間に経営が傾いて、1972年（昭和47年）に、大阪万博の2年後ですが、鉱業権を手放して閉山ということになりました。当時の建物がまだいくつか壊されないまま残っているものもあって、最近、廃墟マニアみたいな方が勝手に入って、写真を撮ってネットに載せたりしているそうなの

ですが、かなりコンクリートがボロボロになっていて危険になっています。

　先程お話しした通り、硫黄を掘っていましたから、山の中には穴がたくさん開いている訳です。そこに雨水や地下水が入ると硫黄と触れて酸化し、どんどん酸性の水、いわゆる硫酸ができてくるのです。鉄分や金属も含まれている山なので、酸化していく過程で赤く、例えれば泥水が赤っぽく見えるような濁り水になって川を汚染していきます。小さい支流の川にもかかわらず、岩手県から宮城県にかけて約250km流れる北上川という東北最大の川があるのですが、この全てを赤く汚染してしまいました。そして酸性が強いので魚などが住めない状況です。赤川という支流から流れこんできた赤い酸性水が、最終的には太平洋まで250kmくらいをずっと死の川にしてしまった訳です。関東の草津温泉の温泉水は強酸性でタオルを浸けてそのまま放っておくと手でちぎれるぐらい繊維がボロボロになるそうですが、同じくらいの状況です。そのため側溝のコンクリートもあっという間に劣化してボロボロになってしまうということで、川が死んでいるだけではなくて、いろいろなところに問題が生じてしまうという状況でした。

●93億円かけて新中和処理施設

　これはとにかく何とかしないといけないということで、岩手県は国に、戦前は国策会社でしたから、国の責任できちんと処理をしてほしいという陳情を何度も繰り返して、結果、国の関わりのある省庁（5省庁）が一緒になって対策を取ろうということで、新中和処理施設を作りました。当時の金額で93億円です。35年前(1981年)に100億円近いお金をかけて作ったのです。

　実はこの排水処理というのは、毎分20トンくらいの水が流出してくるので、永遠に続けないといけないの

5省庁会議と新中和処理施設の建設

　このような状況の中で、北上川の清流化を望む声が高まり、岩手県議会の請願を受けて、国は昭和46年に関係五省庁からなる「北上川水質汚濁対策各省連絡会議(略称 五省庁会議)」を設置し、対策の検討が進められました。

5省庁会議
（北上川水質汚濁対策各省連絡会議）
・通商産業省（現 経済産業省）
・建　設　省（現 国土交通省）
・自　治　省（現 総務省）
・環　境　庁（現 環境省）
・林　野　庁

新中和処理施設全景

　この五省庁会議において、旧松尾鉱山から流出する強酸性水を炭酸カルシウムで中和し、水質を改善するための新たな中和処理施設を旧松尾鉱山跡地に建設することが決定されました。

　この新中和処理施設は、岩手県が通商産業省の補助を受け、約93億円の建設費を費やして、昭和56年に完成しました。

です。続けなければまた赤い川が復活して、北上川を酸性にしていくことになるので、処理はもうずっと続けなければなりません。処理費用は毎年6億円程でこれまでに200億円以上使っていますが、今後も未来永劫続けなければいけません。つまり環境汚染が1回始まってしまうと大変なことになるということです。私の親の世代からみなさんの世代へ、さらに次の世代と、この負の遺産を受け継いでいかないといけないということになります。

　今ではその新中和処理施設が威力を発揮して問題がないきれいな水が流れて、生き物がよみがえり鮭も遡上しています。処理施設が1981年から稼働して効果を発揮するようになってもうかなりの年数になるので、今の世代の方々は赤い北上川を知らず、もともときれいな川だという認識になっているのですが、実はこうした努力をして維持されているということです。

●青森県との県境で不法投棄事案

　続いて、青森県との県境における不法投棄の事案ということでお話ししたいと思います。これもいわゆる人為的に環境を汚染した事例です。岩手県二戸市と青森県田子町の境に、とある事業者が土地を持っていま

した。青森県側は谷底のようになっていて、岩手県側は山側で森でした。業者は、この土地の谷底にごみをどんどん落として、山側の土地を削って土を被せるということを繰り返したのです。土を削ってごみの上に被せ続けていたのですが、青森側と岩手側の面積を計算すると、尼崎市にある市民球場14個分ぐらいの巨大な面積だったということです。

結局、その不法投棄はとにかく撤去するしかないということになるのですが、撤去する間に先程の松尾鉱山のように汚水が出てきたりすると大問題です。ところが、谷間の方からは汚水が出たのです。青森県で汚

水処理を進める上で、山側からの水を減らすために、不法投棄の土地の上に青いビニールシートなどを張って、雨水が浸透しないような工夫をしました。それから廃棄物を撤去しました。両県とも頑張って処理を進めました。岩手側は2014年3月に廃棄物自体の撤去は完了したのですが、汚染が土壌に浸透してしまっている場所があって、ごみは無くなったのに汚染が残っているという状況でした。従って、現在は汚染土壌の浄化に取り組んでいます。

不法投棄されたものがどんなものかというと、本当に「何でもあり」の状態です。当時私も担当で現場に

岩手・青森県境不法投棄事案における特定産業廃棄物に起因する支障の除去等の実施に関する計画（H16.1）

基本方針

・「住民の健康被害の防止と安心感の醸成」を図るため、生活環境保全上の支障除去及び汚染拡散防止を実施（廃棄物撤去、土壌等浄化、遮水シート、遮水壁）
・現場作業、環境モニタリング、対策協議等を積極的に情報公開しながら原状回復を推進

行ったのですが、廃棄された食品、燃え殻、ごみの入ったドラム缶など岩手県の敷地の中だけでも様々な物が埋められていました。ドラム缶は使用済みの化学薬品や廃油などが入ったものをそのまま埋めていました。それらは土の重さで、圧力がかかってドラム缶がつぶれたり変形したりして、中身が漏れ出して土壌汚染を引き起こしていました。

　ドラム缶の他にもいろいろ雑多なごみが一緒になっており、どこを掘ってもごみが出るのです。また当時、新聞記者の方などが現場に来てあちこち見ていたのですが、ここに来ると目が痛くなるとか、呼吸が苦しくなるという方も多かったです。おそらく化学物質が地上に揮発してきて、それが強く出ている場所に通りかかるとそういう状況になったのでしょう。そのため廃棄物撤去現場で働く人たちの安全管理が非常に重要な現場になりました。

　さらには、医療系廃棄物がそのまま埋まっていたケースもありました。本来、医療系廃棄物は感染性のものもあるので、焼却処理が原則なのですが、注射器や輸血チューブがそのまま埋められていて、こうしたものを掘り出した時に働いている方々が怪我して感染をしないようになど、様々な対策も必要になりました。

●処理は最終的には人の目が大事

　処理工程は最初に掘り出した物をおおまかに選別しながら、一時的にストックヤードを作って細かく選別して、その後に機械で篩ったりするのですが、最終的にはやはり人間の目が大事なのです。目で見て選別しないといけない状況で、作業員の方々には大変苦労しながら作業していただきました。次に、選別したものの処理ですが、多くはセメント会社で焼却処理を行い、セメントを作るための原料になっています。そうすれば、ビルなどを作る際のセメントとして再利用できます。撤去した廃棄物の量は大阪の京セラドームとほぼ

廃棄物の撤去の状況

	岩手県（二戸市）	青森県（田子町）
撤去量	約35万8千トン	約114万7千トン
投棄容量（推定）	約27万立方メートル	約79万立方メートル
撤去終了時期	平成26年3月	平成25年12月
計画事業費	約231億円	約477億円

両県の投棄量
約106万
立方メートル

京セラドーム
約0.9杯分

同じくらいの量を撤去しました。青森県の方が谷間なので量はたくさんあったのですが、費用は両県合わせると700億円あまりということで、これまた到底想像できないような金額なのですが、まだもう少し汚染土壌や汚染水の処理に時間がかかるので、最終的な金額はもっと上がっていくような状況です。

　土壌汚染などは全部撤去しようと思ってもどこまで染み込んでいるのかなど範囲を決めるのが非常に難しいです。ですから、調査の繰り返しで汚染エリアを確定しながら対策を取っていきます。そして将来的に問題となるのはやはり水、地下水なのです。例えば湾岸の埋立地であればそもそも地下水はないので、いかに海に染み出さないかというところが大事なのですが、山での事案では雨や雪が降って地下浸透すると有害物質を含んだ土壌と接触して、汚染が浸透してさらに広がってしまうという問題が生じます。ですから、本当に丁寧な作業で汚染除去をしていかなければならないということです。汚染土壌は掘削して取り除きますが、浸透してしまった水についても処理が必要になります。地下の帯水層を調べて、汚染状況を調べつつ、汚染水をくみ上げて処理をしてまた地下に戻してやるという作業を行っています。

先程の松尾鉱山もそうですが、1回汚染されてしまうとその浄化には多くの労力と時間とお金がかかるということなのです。今は技術も進んでいますので除去することはできます。しかし、そのためにはどうしてもお金が必要ですし、いつ終わることができるのかというスケジュールの見通しも非常に難しいことになります。ですから、元通りの自然に戻すことはほぼ不可能かもしれませんが、それでも我々はやはり自然を戻すという努力をしていかなければいけません。

●震災では大量の災害廃棄物が発生

　次に東日本大震災の災害廃棄物処理についてです。今年は熊本地震もありましたし、こちらでは20年前の阪神淡路大震災がありました。これから日本で1番の環境の課題は、災害廃棄物処理になるのではないかという気が私はしています。阪神大震災以前は、気象庁の地震計が300カ所くらいしかありませんでした。ですから、震度の範囲を示す分布の塗り方もかなりアバウトになっていました。ところがその地震を経験したことによって、全国の震度計が10年後には3,700カ所まで増えました。本当に緻密に地震の状況を把握できるようになったので、5年前の東日本大震災の時には、

青森の端から神奈川県、横浜の方まで震度分布をきれいに調べることができていて、東日本大震災の際は震度の大きいエリアが非常に広かったことが明らかになっています。

　岩手の沿岸部は地震で壊れた建物もあったと思うのですが、その後の津波で全てが流されてしまったので、地震の被害なのか津波の被害なのか分からない状況になりました。津波は水圧がかかります。水は1m四方の立方体で1トン、だいたい車1台分の重さがあります。東日本大震災の津波の高さが7、8mはあったと言われていますから、単純に考えても1m幅で7mの高さであれば7トンの重さがかかるわけで、それがものすごい体積で町を押し流す訳ですから、そういう中に巻き込まれてしまった方もいて、当初のがれき処理というのは単純にブルドーザーで集めればいいということではないのです。まずはお亡くなりになった方のご遺体を探すところから始まります。それが終わってようやくがれきを集めて処理するという話になっていきます。

●阪神淡路大震災とは処理方法に違い

　阪神淡路大震災と東日本大震災の廃棄物処理の違い

ですが、まず1つには廃棄物処理の法律が厳しくなったということがあります。阪神淡路の当時に比べると全国で不法投棄のような事案が増えたということで、廃棄物処理の法律がとても厳しくなっています。ですから、単純に埋めてしまうということはできないのです。埋め立てには管理型処分場など相応の施設が必要になります。処理を実施する施設基準が厳しい。先の不法投棄事案のように、単純に穴を掘って埋めるようでは地下に汚染が浸透しますから、きちんとした施設を作りなさいとか、焼却処理をするのであればダイオキシンや化学物質が出ないよう管理した施設を作って

阪神淡路大震災と東日本大震災の廃棄物処理の違い

○廃棄物処理の法律が厳しくなった
　⇒単純な埋立はできない

○処理を実施する施設の基準が厳しくなった
　⇒設置に時間と資金を要する

○技術が発達し再生利用範囲が広がった
　⇒詳細分別で、再生利用出来る量が増加

焼却しなさいということが義務付けられています。

　当然、設置にはアセスメントが必要だったり、お金も必要だったり、時間がかかったりということになってしまいます。ですから、がれき処理をする時にはスピードが必要なのですが、スピードとかかる費用や時間をどう整理していくか、そこが行政としては考えなければいけないところです。生活している方々がいらっしゃいますから、住民からすれば1日でも早くごみをなくしてほしい、もうあんなつらいことを思い出すような物は見たくないといった心理的なものもあるので、いかに早く片付けるかということが大事なのですが、当時これが難しいところでした。

　また、廃棄物の再生利用できる状況が増えてきています。技術改革があって様々な技術で今まで埋めるしかなかったものでも再生利用できるような道ができてきています。できる限り分別することで再生利用の道が開けるのです。そうなればコストダウンできる可能性もありますし、そういった事をいろいろ考えることも必要です。

　東日本大震災のがれきは全てごちゃごちゃな状態で何がどのくらい入っているか分からないため、集まったがれきを写真撮影してメッシュ分布を起こし、何が

どのくらいあるのかを表面的な部分で調査しました。そこから推定量やどんな種類のごみがあるのかを予測します。そして排出先、例えば紙や布であれば焼却炉に入れますから、各焼却炉のキャパシティとどれくらいうまく調整できるかという話になりますし、コンクリートなどは細かく砕けば再生材として使えますから、そういったものがどのくらいあるかによって再生処理の目途がたってくることになります。そのように分別をして、木材や燃える物、セメント系の物、金属系の物などに分けて処理工程に乗せていきます。この方法は、昨年の広島の豪雨で流された場所などでも同じプロセスで行われたそうですし、現在、熊本でも同様な処理が始まっていると聞いています。

●災害廃棄物は県内の14年分のごみ量に相当

　岩手県の東日本大震災の災害廃棄物処理は終了しましたが、結果的に618万トンになりました。この量は岩手県内の全市町村から出る家庭ごみや事業者から出るごみの14年分に相当しました。通常の市町村の焼却炉は普段からごみ処理をしている訳ですから、余力はあまりありません。そこに何とか入れさせてもらって処理を行い、埋め立て処分場は埋め立て容量が減って

災害廃棄物の推計

★ 原単位を用いた推計（阪神・淡路大震災）
　倒壊家屋（災害対策本部発表）を基に計算
　環境省は衛星画像を用いて浸水地域の戸数を計算
★ 実際の処理に当たっては廃棄物の種類ごとに発生量を推計する必要
　課題：引き波で流出、火災で焼失した廃棄物、津波堆積物の推計

種類	割合
紙類	11%
プラスチック類	9%
布・繊維	6%
金属くず	7%
コンクリート・石膏ボード類	6%
木くず	55%
土砂	6%
	100%

東日本大震災の災害廃棄物処理

【災害廃棄物の処理実績】
種類別内訳（発生量618万ｔ）

津波堆積土	コンクリートがら	不燃系廃棄物	可燃物	柱材・角材	金属くず	その他
184万t (29.8%)	225万t (36.4%)	114万t (18.4%)	60万t (9.7%)	8万t (1.3%)	18万t (2.9%)	9万t (1.5%)

不燃物523万t（84.6%）

岩手県内の全市町村の
一般廃棄物１４年間分に相当

しまい計画年数が減ってしまうので、市町村と相談しながら作業を進めていきました。また、被災地の焼却炉も地震に耐え残ったところがあって、そうしたところはほぼフル稼働でした。埋め立ては、市町村の埋め立て場は意外とキャパシティがないところが多かったのですが、それでも何とか無理を言って使わせてもらいました。さらに広域処理と言って、岩手県外の自治体の力を借りながら何とか14年分のごみを処理したところです。また、セメントや復興資材など再生利用をできる限り進めました。セメントや土砂などについては9割近くを再生利用しています。これを進めるために学会や有識者の方々から様々なデータや試験結果をもらったりしながら進めていった結果、何とか3年間で終了することができたという状況です。

●7つの柱をもとに環境施策を実施

　これまで岩手県では苦労しながらさまざまなことを行ってきた訳ですが、県の環境施策というものを組み立てていますが、そこにこれまでの経験で得たものを盛りこんでいます。環境基本計画は全ての都道府県で作ることが義務付けられていますが、岩手県の環境基本計画の場合は過去の公害や汚染などの実態がありま

すので、そうしたものを参考にして計画を作っています。現在は2010年に策定した10年計画で、昨年度に見直しも実施しています。

　この計画では7つの柱を作り、それを基に県の施策を展開しています。1つは低炭素社会の構築です。温暖化対策ですが、これは全都道府県で待ったなしの問題、日本だけではなくて世界中で待ったなしの問題になっているので、これを最初に持ってきています。昔は環境公害というのが人の生活を脅かす、例えば水俣病であるとか四日市ぜんそくであるとかそういうものが非常に大きな問題だったのですが、今は気象問題が

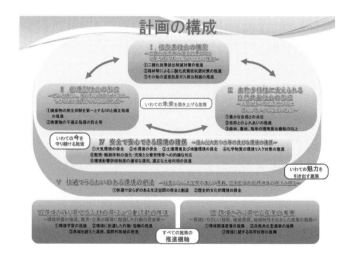

1番大事かなと思います。猛暑が続いて、最近では毎月過去の平均気温を更新していて、最新のNASAや気象庁の発表でも、5月の平均気温が過去最高気温を更新しているということで問題化しているのと、さらには二酸化炭素の濃度が400ppmを超えてしまったというニュースがついこの間出ています。450ppmになるとともうアウトだとICCPの科学者たちが提唱しており、この間のパリのG20でのパリ協定では、450ppmを何とか超えないように努力するということがテーマになっています。岩手県は「エコはっちゃん」というゆるキャラを作って温暖化防止の啓発を進めています。その他、子供たちには家庭内で取り組める内容を書いた小冊子を配ったり、企業には地球環境に優しい事業所として、省エネ効果が高かったら星を増やすというような取り組みをしています。

●自然共生社会目指す

次がごみ減らしです。ごみ処理も焼却で化石燃料が必要ですから、できるだけごみを減らしエネルギーをかけないようにしていかないと二酸化炭素も減らないということになります。でもなかなかごみは減らないのです。これは全都道府県の大きな課題になっている

かもしれません。3R、リサイクル・リデュース・リユースということで、できる限り物をごみにしないようにしようという取り組みを行っています。「エコロルちゃん」というゆるキャラを使ってPRしたり、エコショップの認定をして、ごみ減らしに協力しているお店には認定証を送ったりしています。それから不法投棄の経験があるわが県ですので、スカイパトロールといって防災ヘリを飛ばして上空から不法投棄されていないか、あるいは廃棄物処理の企業がきちんと処理しているかということを上から見てチェックするようなことも行っています。

　そして、自然共生社会ということで、岩手県は山が多いので自然を守ろうという気運も結構あります。イヌワシという希少野生動物がいるのですが、実は昔、このイヌワシの羽根が、最も高級な弓矢の矢羽根に使われていたのだそうです。いわゆる偉い方とかが射る矢に使われていて、普通に捕獲したり、卵を食べたりしていたそうなのですが、今ではもう希少種になって大変数が少なくなってしまい保護活動をしています。また、昨今の雪の減少でシカが餌を求めてどんどん高い山に登るようになって、ハヤチネウスユキソウなどの希少な高山植物を食べてしまうということが起こっ

ています。そうした食害が出ていて、高山植物保護が問題になっているところです。また、増えすぎたシカを捕るためにハンターを増やそうという取り組みも行っています。

　その他、公害関係で言えば、大気ではPM2.5の問題なども出てきています。これは越境汚染と言われていて、他国から流入してくるような汚染が今増えてきていて、そうしたことも何とか対策を考えなければならなくなっています。

●何よりも人材育成が大事

　また、環境というものを多くの一般の方々に分かってもらう努力もしていかなければなりません。例えばごみ処理といっても様々なリスクがあるだろうと不安を覚える人が増えています。今はネット社会なので1人が例えばごみの焼却炉から有毒な物質が出ているなどと書いてしまうと、それを信じてしまう人もたくさんいます。本当かどうか自分で調べないで不安だけが拡散される時代になってしまったので、容易に情報発信できる半面、情報が正しいかどうかというのをどうしたら確認できるのかということがとても重要です。本当にきちんと調査ができる機関、政府、自治体、分

析研究所などが調べて発信しているものかどうかまで情報を掘り下げて調べて、初めて信用できるかどうかということですから、安易に情報を鵜呑みにしないための勉強会を行ったりもしています。

　あとは自然環境、例えば憩いを作る、河川敷にちょっとした公園を造る、地下水を利用した噴水を作るなど、そうしたことで潤いのある生活や、あるいは岩手県には世界遺産が2つ、平泉の金色堂や、釜石に橋野鉱山という鉄鋼を初めて精錬した遺跡が残っているのですが、そうしたもので文化的背景を伝える作業も行っていきたいと思っています。

　そして何より大事なのが、みなさんのような若い方々の人材育成です。将来、自分たちが生活する場所を守るのは結局、みなさんなのです。ですから、若いみなさんが勉強して社会に出て行った時に役立つようなことを支援するという作業も必要です。それぞれみなさん夢があると思いますが、そうした夢に向かってがんばって勉強していただきたいと思います。

　ぜひいつか皆さんに自然豊かな岩手や北東北を訪れていただきたいと思っています。

● 第1走者／長野県

「より良い環境を求めて」

長野県生活環境部地球環境課課長（当時）

木曽　茂

● 第2走者／石川県

「石川の環境政策
－皆で守り育てるふるさと石川の環境－」

石川県環境安全部環境政策課課長補佐（当時）

新　広昭

● 第3走者／愛知県

「愛知県の環境政策～環境先進県をめざして」

愛知県環境部環境政策課主幹（当時）

河根　清

● 第4走者／埼玉県

「埼玉県の環境アセスメントの取り組み」

埼玉県環境部温暖化対策課主任（当時）

斎藤　良太

● 第5走者／鳥取県

「環境立県のアクションプログラム」

鳥取県環境部環境立県推進課課長（当時）

池田　正仁

●第6走者／富山県

「富山県の地球環境保全への取り組み」

富山県生活環境文化部環境政策課主幹・課長補佐（当時）

浦田　裕治

●第7走者／茨城県

「霞ヶ浦を泳げる湖に復活させる！」

茨城県生活環境部環境政策課主査（当時）

川真田　英行

●第8走者／新潟県

「トキの復活を目指す！」

新潟県環境部環境企画課係長（当時）

佐藤　義法

●第9走者／鹿児島県

「人と自然が共生する社会の実現にはバランスが重要！」

鹿児島県環境生活部環境政策課係長（当時）

藤崎　学

●第10走者／兵庫県

「豊かで美しい瀬戸内海を取り戻す！」

兵庫県健康生活部環境管理局水質課（当時）

秋山　和裕

●第11走者／岡山県

　「児島湖に水咲く夢咲く　未来咲く」

　　　　　　　　　　　　岡山県生活環境部環境管理課課長（当時）

　　　　　　　　　　　　　　　　　　　　木村　宗正

●第12走者／滋賀県

　「滋賀の環境行政－持続可能な滋賀社会づくり－」

　　　　　　　　　　　滋賀県琵琶湖環境部環境政策課主幹（当時）

　　　　　　　　　　　　　　　　　　　　笹井　仁治

●第13走者／群馬県

　「尾瀬を守る群馬県の取り組み」

　　　　　　　　　　群馬県自然環境課尾瀬保全推進室主任（当時）

　　　　　　　　　　　　　　　　　　　　西嶋　弘満

●第14走者／大阪府

　「都市と自然との共生をめざして」

　　　　　　　　大阪府みどり・都市環境室自然みどり課課長補佐（当時）

　　　　　　　　　　　　　　　　　　　　池口　直樹

●第15走者／静岡県

　「富士に桜が映える県づくりをめざして」

　　　　　　　　　　　　静岡県県民部環境局政策監付専門監（当時）

　　　　　　　　　　　　　　　　　　　　河野　康行

● 第16走者／京都府

　「京都エコポイントモデル事業」

　　　　　　　　　　　京都府文化環境部地球温暖化対策課課長（当時）

　　　　　　　　　　　　　　　　　　　　　　奥谷　三穂

● 第17走者／長崎県

　「大村湾の現状と取り組みについて」

　　　　　　　　　　　長崎県環境部環境政策課課長（参事監）（当時）

　　　　　　　　　　　　　　　　　　　　　　伊藤　順一

● 第18走者／和歌山県

　「県立自然公園の抜本的見直し」

　　　　　　　　　　　和歌山県環境生活部環境政策局自然環境室主任（当時）

　　　　　　　　　　　　　　　　　　　　　　原　博信

　　　　　　　　　　　和歌山県環境生活部環境政策局自然環境室副主査（当時）

　　　　　　　　　　　　　　　　　　　　　　辻岡　修

● 第19走者／奈良県

　「奈良の都から環境を考える」

　　　　　　　　　　　奈良県立橿原考古学研究所総括研究員（当時）

　　　　　　　　　　　　　　　　　　　　　　林部　均

● 第20走者／島根県

　「宍道湖と中海について」

　　　　　　　　　　　島根県環境政策課管理監（当時）

　　　　　　　　　　　　　　　　　　　　　　山本　弘信

● 第21走者／ドイツ（特別走者）

「環境保全に対する意識。ドイツと日本の比較」

Doitsu Link Kyoto代表

リンク・ペーター

● 第22走者／北海道

「北海道エゾシカ対策」

北海道環境生活部環境局自然環境課主幹（当時）

宮津　直倫

● 第23走者／高知県

「森林資源を活用した地球温暖化対策と環境ビジネス」

高知県林業振興環境部・環境共生課　チーフ（カーボン・オフセット担当）（当時）

三好　一樹

● 第24走者／岐阜県

「岐阜県の地球温暖化対策について

　『清流の国ぎふ』をめざして」

岐阜県環境生活部地球環境課　清流の国ぎふづくり推進室　代講　環境学園専門学校校長

岡田博明

● 第25走者／千葉県

「環境自治の実現に向けて

　〜千葉県における環境問題への対応〜」

千葉県環境生活部環境政策課政策室主幹（当時）

堀津　誠

● 第26走者／神奈川県

「神奈川県の環境政策について」

神奈川県環境農政局環境保全部環境計画課環境計画グループグループリーダー（当時）

山崎　博

● 第27走者／福岡県

「循環型社会の形成と国際環境協力について」

福岡県環境部環境政策課企画広報監（当時）

井尻　潤

● 第28走者／宮崎県

「新しい太陽と緑の国みやざき」の実現をめざして
～宮崎県の環境対策～

宮崎県環境森林部環境森林課副参事兼課長補佐（当時）

冨山　幸子

● 第29走者／徳島県

「地域グリーンニューディールの推進に向けて」

徳島県県民環境部環境総局環境首都課地球温暖化担当（当時）

正本　英紀

● 第30走者／沖縄県

「沖縄の自然保護行政について」

沖縄県環境生活部自然保護課自然保護班長（当時）

渡嘉敷　彰

●第31走者／熊本県

「『水の国くまもと』の実現を目指して
　　　～熊本県の地下水保全対策～」

熊本県環境立県推進課審議員（当時）

坂本　公一

●第32走者／大分県

「ごみゼロおおいた作戦の展開」

大分県生活環境部地球環境対策課課長（当時）

宮﨑　淳一

●第33走者／山梨県

「エネルギーの地産池消の実現を目指して」

山梨県エネルギー局エネルギー政策課副主査（当時）

志村　賢子

●第34走者／青森県

「青森・岩手県境産業廃棄物不法投棄事案について」

青森県環境生活部県境再生対策室長（当時）

神　重則

●第35走者／宮城県

「震災がれきの処理の現状と今後の見通しについて」

宮城県環境生活部次長（震災廃棄物担当）（当時）

佐々木　源

● 第36走者／広島県

「広島県の温暖化対策〜低炭素社会の構築〜」

広島県環境県民局環境政策課参事（当時）

重野　昭彦

● 第37走者／栃木県

「栃木県における水力発電の普及拡大のシナリオ
―靴下はなぜ片方だけなくなるのか？―」

栃木県環境森林部地球温暖化対策課課長補佐（当時）／工学博士

松本　茂

● 第38走者／東京都

「東京都の国際協力の取り組み
―大都市の特性を生かした自治体間協力―」

東京都環境局総務部国際環境協力担当課長（当時）

千田　敏

● 第39走者／佐賀県

「佐賀県の環境施策について」

佐賀県くらし環境本部環境課課長（当時）

小宮　祐一郎

● 第40走者／香川県

「かがわの里海づくり」

香川県環境森林部環境管理課水環境・里海グループ課長補佐（当時）

大倉　恵美

はじめに

●第41走者／三重県

「三重県における気候変動に対する緩和・適応の取組」

　　　三重県環境生活部地球温暖化対策課地球温暖化対策班主査（当時）

　　　　　　　　　　　　　　　　　　　　　　　　　砂田　　浩治

●第42走者／愛媛県

「えひめ環境新時代に向けて―バイオマス利活用推進―」

　　　愛媛県県民環境部環境局　環境技術専門監（当時）

　　　　　　　　　　　　　　　　　　　　　　　　　水口　　定臣

●第43走者／山口県

「椹野川河口干潟における

里海の再生に向けた取り組みについて」

　　　山口県環境生活部自然保健課自然共生推進班主任（当時）

　　　　　　　　　　　　　　　　　　　　　　　　　古賀　　大也

●第44走者／福井県

「福井県の自然環境政策

『自然と共生する福井の社会づくり』」

　　　福井県安全環境部自然環境課自然環境保全グループ主任
　　　　　　　　　　　　　　　　　（グループリーダー、当時）

　　　　　　　　　　　　　　　　　　　　　　　　　西垣　　正男

●第45走者／岩手県

「岩手県の環境政策

～みんなの力で次代へ引き継ぐいわての『ゆたかさ』」

　　　岩手県環境生活部環境生活企画室企画課長（当時）

　　　　　　　　　　　　　　　　　　　　　　　　　佐々木　源

環境の時代をリードする環境スペシャリストへの資格
特定非営利活動法人　日本環境管理協会
〒660-0083　兵庫県尼崎市道意町7丁目1番12
　　　　　　TEL 06-6412-6545　E-mail info@nikkankyo.com
○環境管理士の資格を取得するには、
・通信講座……「生活環境」「環境法令」「経営環境」の3分野
　　　　　　　から成り、当会が独自に開発した教材を用い
　　　　　　　て環境管理に関する基本的な知識・技能を体
　　　　　　　系的に学び、環境産業界で広く活躍できる環
　　　　　　　境管理士を育成する通信講座です。
・検定試験……環境管理に関する知識・技能の内容について、
　　　　　　　全国的な統一を図り、人々が有する環境管理
　　　　　　　の認識度・理解度・習熟度を一定の基準で判
　　　　　　　定する、当会が証明する日本で唯一の環境管
　　　　　　　理士資格の検定試験です。
・通学講座……当会に指定教育機関として登録された団体・学
　　　　　　　校等は、その団体・学校等の関係者（社員・教
　　　　　　　職員・学生等）に対し、「環境管理士」資格取
　　　　　　　得のための教育・指導を行うことが可能です。

分析技術者は白衣の似合うスーパースター
日本分析化学専門学校
〒530-0043　大阪府大阪市北区天満2丁目1番1号
　　　　　　TEL 06-6353-0347　E-mail info@bunseki.ac.jp
・設置学科：資源分析化学科　　　ハイテク材料分析コース
　　　　　　　　　　　　　　　　自然物質分析コース
　　　　　　生命バイオ分析学科　医薬バイオ分析コース
　　　　　　　　　　　　　　　　生活物質分析コース
　　　　　　有機テクノロジー学科 合成工学コース
　　　　　　　　　　　　　　　　生体工学コース
　　　　　　医療からだ高度分析学科（4年制）
　　　　　　特別土・日開校「化学分析コース」
・入学資格：高卒以上、同等の学力を有する者
・修業年限：2年全日制、共学

全国環境自治体駅伝
環境学園特別授業⑨　自分の街が授業になる！

2017年2月5日　第1版第1刷発行

編　　　集	環境学園専門学校
発　行　者	波田　幸夫
発　行　所	株式会社環境新聞社
	〒160-0004　東京都新宿区四谷3-1-3　第一富澤ビル
	TEL 03-3359-5371㈹
	FAX 03-3351-1939
	http://www.kankyo-news.co.jp
印刷・製本	株式会社平河工業社

＊本書の一部または全部を無断で複写、複製、転写することを禁じます。
Ⓒ環境新聞社　2015　Printed in Japan
ISBN978-4-86018-333-2 C3036　定価はカバーに表示しています。